tredition®
www.tredition.de

AF302171

# Robert Maschmann

# Das Überleben der Menschheit

Mutmaßungen über die Voraussetzungen für den Fortbestand der Tierart *Homo sapiens*

www.tredition.de



ISBN Softcover:   978-3-384-00776-6
ISBN Hardcover: 978-3-384-00777-3
ISBN E-Book:      978-3-384-00778-0

Druck und Distribution im Auftrag des Autors:
tredition GmbH, Heinz-Beusen-Stieg 5, 22926 Ahrensburg, Germany



.

# INHALTSVERZEICHNIS

# 1 Einleitung

Die „Rote Liste gefährdeter Arten" („The IUCN Red List of Threatened Species"; einsehbar unter www.iucnredlist.org) ist eine weltweit anerkannte Bewertung und Klassifizierung von biologischen Arten, die von der IUCN, also der „International Union for Conservation of Nature and Natural Resources", entwickelt und gepflegt wird. Sie ist eine wichtige Referenzquelle für den Zustand und die Gefährdung von Tier-, Pflanzen- und Pilzarten auf globaler Ebene.

Diese Rote Liste gefährdeter Arten verwendet verschiedene Kategorien, um den Gefährdungsstatus einer Art zu beschreiben. Dabei reichen die Hauptkategorien von

„Ausgestorben (EX): Die Art existiert nicht mehr"

bis zu

„Nicht gefährdet (LC): Eine Art, die derzeit keiner unmittelbaren Bedrohung ausgesetzt ist".

Unter "Aussterben" versteht man dabei das endgültige Verschwinden einer Art oder einer Gruppe von Organismen. Eine Art gilt als ausgestorben, wenn sie keine lebenden Individuen mehr aufweist und keine Fortpflanzung mehr möglich ist. Das Aussterben kann entweder lokal begrenzt sein, wenn eine Art nur in einem bestimmten Gebiet ausstirbt, oder es kann global sein, wenn die gesamte Art auf der gesamten Erde ausstirbt.

Die Einstufung einer Art in eine dieser Kategorien der Roten Liste gefährdeter Arten basiert stets auf wissenschaftlichen Erkenntnissen über den Bestandstrend, das Verbreitungsgebiet, die Populationsgröße, die Bedrohungen und andere relevante Faktoren. Diese Rote Liste gefährdeter Arten wird regelmäßig aktualisiert, um neue Informationen einzubeziehen und den Zustand gefährdeter Arten zu überwachen.

Die IUCN selbst ist eine internationale Organisation, die sich dem Naturschutz widmet. Die IUCN wurde im Jahr 1948 gegründet und hat ihren Hauptsitz in Gland in der Schweiz. Die IUCN vereint Regierungen, Nichtregierungsorganisationen, Wissenschaftlerinnen und Wissenschaftler sowie Expertinnen und Experten aus verschiedenen Bereichen, um den Erhalt der natürlichen Vielfalt der Arten und den nachhaltigen Umgang mit natürlichen Ressourcen zu fördern. Sie ist eine einflussreiche Stimme im Umweltschutz und hat sowohl auf nationaler als auch auf internationaler Ebene erheblichen Einfluss.

Wenn man allerdings diese Rote Liste gefährdeter Arten der IUCN nach der Tierart *Homo sapiens* durchsucht, dann wird man nicht fündig werden.

Ja, natürlich, wird man jetzt vielleicht einwenden, das ist doch vollkommen klar. Der Mensch bzw. der *Homo sapiens* kann gar nicht auf dieser Roten Liste gefährdeter Arten als gefährdete Tierart erscheinen, da der Mensch eben der Mensch ist und kein Tier. Das wäre aber (leider) ganz falsch gedacht. Biologisch betrachtet ist der *Homo sapiens* genauso eine Tierart wie der *Canis lupus*, der *Equus asinus* oder der *Neofelis nebulosa*.

> „Für die Evolutionsbiologie sind Menschen eine Tierart unter vielen, mit Eigenschaften, die sich als Anpassungen an frühere und heutige Umweltbedingungen erklären lassen. [...] Die Tatsache, dass Menschen Fähigkeiten haben, die sich bei anderen Tieren nur in Ansätzen finden – Sprache, Kunst und Wissenschaft beispielsweise –, widerspricht dem nur auf den ersten Blick. Aus biologischer Sicht haben Menschen eben einzigartige Merkmale – so wie auch alle anderen Le-

bewesen auf ihre spezielle Art besonders und einzigartig sind" (Junker 2021; S. 7).

Menschen in ihrer Existenz als Tiere und als Lebewesen werden dann (wie jeder weiß) in der biologischen Systematik als Exemplare der Gattung *Homo* klassifiziert. Die Tierart *Homo sapiens* ist die einzige und letzte verbliebene (rezente) Art der Gattung *Homo*. Alle anderen Arten der Homininen (also der Arten der Gattung *Homo*) sind im Laufe der menschlichen Evolution früher oder später verschwunden.

„Allgemein lässt sich feststellen, dass während der Evolution der Homininen zu den meisten Zeiten mehrere verwandte Arten in denselben geographischen Regionen, vielleicht sogar an denselben Orten, koexistierten. Das traditionelle Bild der Evolution des Menschen als einer Stufenleiter, die von äffischen Vorfahren bis zu heutigen Menschen reicht, ist also nicht zutreffend. Es ähnelt eher einem Baum mit vielen Ästen, von denen einige nur der Frühzeit angehören, andere bis fast in die Gegenwart reichen. Ungewöhnlich ist dagegen die heutige Situation, in der es nur noch eine einzige Art – *Homo sapiens* – gibt" (Junker 2021; S. 29).

Müsste man den Menschen nun als Tierart in diese Rote Liste gefährdeter Arten einsortieren, so käme für ihn nur die Kategorie: „Nicht gefährdet (LC)" in Frage. Allerdings ist die Tierart *Homo sapiens* (zumindest momentan) so weit von einem möglichen Aussterben entfernt, dass selbst die Einstufung in die Kategorie „Nicht gefährdet" eine maßlose Übertreibung wäre. Denn ein Problem der Menschheit ist momentan nicht so sehr die Möglichkeit, dass sie aussterben könnte, sondern eher das Problem einer zunehmenden Überbevölkerung der Erde durch immer mehr Menschen.

Die Tierart *Homo sapiens* schreibt sich aber dennoch sozusagen indirekt ständig in diese Rote Liste gefährdeter Arten ein. Denn die Tierart *Homo sapiens* ist gerade dabei, durch ihre unkontrollierte Vermehrung in Verbindung mit der Art und Weise, wie sie ihren Planeten bewirtschaftet, andere biologische Arten im großen Stil auszurotten und zum Verschwinden zu bringen, wodurch diese Rote Liste gefährdeter Arten immer länger wird.

Aber trotzdem die Tierart *Homo sapiens* im Hinblick auf ihr Überleben zumindest von wissenschaftlicher Seite nicht einmal als nicht gefährdet einzustufen wäre, gibt es dennoch die Befürchtung von Menschen, dass die Menschheit nicht überleben und die Tierart *Homo sapiens* damit für immer von der Erde verschwinden könnte. Und viele Menschen, die ein Ende der Menschheit für möglich halten, könnten mit Sicherheit aus dem Stegreif ein ganzes Potpourri von Katastrophen zusammenstellen, durch die die Menschheit ausgelöscht werden könnte. Dazu würden mit Sicherheit der Klimawandel, die nukleare Bedrohung, die Verbreitung von Massenvernichtungswaffen, Pandemien und andere globale Gesundheitskrisen sowie soziale, politische und wirtschaftliche Instabilitäten gehören. Um nur einige wenige dieser möglichen Katastrophen zu nennen.

Obwohl Menschen also einerseits auf keinen Fall zu den gefährdeten Tierarten auf diesem Planeten gehören, treibt Menschen andererseits offensichtlich (auch) die Sorge und die Befürchtung um, dass die Menschheit nicht überleben und damit die Tierart *Homo sapiens* für immer ausgelöscht werden könnte. Das scheint ein Widerspruch zu sein.

In diesem Buch werde ich zeigen, dass dieser offensichtliche Widerspruch keiner ist. Ich werde zeigen, dass die Befürchtung von Menschen, die Menschheit könnte auf welche Art und Weise auch immer ausgelöscht werden, ohne

Zweifel begründet ist und es sich bei dieser Befürchtung damit nicht nur um die unbegründete Einbildung einer Spezies handelt, die scheinbar mit ihrer eigenen Existenz permanent mehr oder weniger so überfordert ist, dass sie deshalb ständig ihren eigenen Untergang herbeifantasiert.

Ist aber diese Befürchtung von Menschen, dass die Menschheit durch welche Ereignisse auch immer ausgelöscht werden könnte, tatsächlich begründet, dann stellt sich sofort eine Frage, deren Beantwortung sozusagen der Sinn und Zweck dieses Buches ist: Was wären die Voraussetzungen, die erfüllt sein müssten, damit unter allen möglichen Umständen und für jeden erdenklichen Fall diese Auslöschung der gesamten Menschheit verhindert bzw. vermieden werden könnte und es damit kein Ende der Menschheit geben würde? Ich werde also gemäß dem Untertitel dieses Buches Mutmaßungen darüber anstellen, unter welchen Voraussetzungen der Fortbestand der Tierart *Homo sapiens* und damit auch der Menschheit unter allen möglichen Umständen und für jeden erdenklichen Fall gewährleistet sein könnte.

Damit ist der Inhalt dieses Buches aber auch schon mehr oder weniger vorgezeichnet.

Zunächst werde ich versuchen zu bestimmen, was denn überhaupt damit gemeint ist, wenn man den Begriff „Menschheit" verwendet. Ja, es stimmt: Der Begriff „Menschheit" wird wie selbstverständlich ständig und überall verwendet und vor allen Dingen dann, wenn Menschen die Dramatik, die Tragweite, die moralische Relevanz und damit die Wichtigkeit ihrer Erkenntnisse, Einsichten und Handlungen betonen wollen. Wie sich aber zeigen wird, ist eine (sinnvolle) Definition des Begriffs „Menschheit" auf Anhieb gar nicht so einfach. Auf jeden Fall wäre es jedoch falsch, den Begriff der Menschheit so zu definieren, dass er einfach die jetzt oder die heute lebenden Menschen bezeichnet. Denn dann würde der Begriff der Menschheit einfach nichts bezeichnen und wäre nur ein leerer Begriff.

Dann werde ich erörtern, aufgrund welcher Erfahrungen und Erkenntnisse sich bei Menschen überhaupt die Befürchtung einstellen kann, dass die Menschheit nicht überleben könnte. Dies ist umso erstaunlicher, da es ja keine Erfahrung darüber gibt, ob die Menschheit ausgelöscht werden könnte. Denn hätten Menschen schon irgendeine Erfahrung mit dem Ende der Menschheit gemacht, dann gäbe es mich nicht und auch sonst keinen anderen Menschen und dieses Buch hier wäre nie geschrieben worden. In diesem Zusammenhang wird sich dann auch zeigen, dass, wie schon gesagt, die Befürchtung von Menschen durchaus berechtigt ist, dass alle Menschen durch katastrophale Ereignisse ausgelöscht werden könnten und dass damit auch die Geschichte der Menschheit zu Ende gehen könnte.

Dann, nachdem ich erörtert habe, was sinnvollerweise unter dem Begriff der Menschheit zu verstehen sein könnte und warum Menschen berechtigterweise die Befürchtung haben können, dass die Menschheit nicht überleben und die Geschichte der Menschheit irgendwann zu Ende gehen könnte, werde ich auf der Grundlage des von mir entwickelten Begriffs der Menschheit bestimmen, welche Voraussetzungen vorliegen müssen, damit man zu einem beliebigen Zeitpunkt und für einen beliebigen Zeitpunkt in der Zukunft sagen kann, dass die Menschheit überlebt hat und die Geschichte der Menschheit noch nicht zu Ende ist.

Im Anschluss daran werde ich mich auf die Suche nach Ereignissen machen, die dazu führen könnten, dass die Menschheit ausgelöscht wird, um durch die Analyse dieser Ereignisse die Voraussetzungen zu ermitteln, die auf jeden Fall und unter allen Umständen gegeben sein müssten, damit die Menschheit solche Ereignisse überleben könnte und damit man zu jedem beliebigen Zeitpunkt und für jeden beliebigen Zeitpunkt in der Zukunft sagen könnte, dass die Menschheit überlebt hat und die Geschichte der Menschheit noch nicht zu Ende ist. Ich unterscheide dabei zwischen Ereignissen auf der planetaren, der kosmischen und der kosmologischen Ebene.

Wenn man sich auf die Suche nach Ereignissen begibt, die auf der planetaren Ebene das Überleben der Menschheit gefährden könnten, dann handelt es dabei sich um Ereignisse, die ihre Ursache auf der Erde selbst haben und durch ihr Zerstörungspotential die Menschheit auslöschen könnten. Ich werde in diesem Zusammenhang natürlich auch die Folgen des menschengemachten Klimawandels für den Fortbestand der Menschheit erörtern (müssen). Allerdings kann und werde ich dann gut begründen, warum der menschengemachte Klimawandel nicht das Ende der Menschheit bedeutet und auch gar nicht bedeuten kann. Ebenso wird sich zeigen, dass kein einziges einzelnes Ereignis auf der planetaren Ebene dazu in der Lage wäre, die Menschheit auszulöschen.

Wenn man sich auf die Suche nach Ereignissen begibt, die auf der kosmischen Ebene das Überleben der Menschheit gefährden könnten, dann handelt es sich dabei um Ereignisse, die im Sonnensystem oder im Weltall ihre Ursache haben und die sozusagen von dort aus die Auslöschung der Menschheit bewirken könnten. Das sicherlich prominenteste Beispiel für ein solches Ereignis ist ein Asteroid, der aufgrund seiner Flugbahn durch das Sonnensystem die Erde treffen und auf der Erde solche verheerenden Schäden anrichten könnte, dass menschliches Leben auf der Erde nicht mehr möglich wäre. Es wird sich aber zeigen, dass nicht die im Sonnensystem herumfliegenden Asteroiden die größte kosmische Bedrohung für die Menschheit darstellen. Denn es gibt ein kosmisches Ereignis, das mit Sicherheit eintreten wird und das, wenn es eintritt, die Menschheit mit Sicherheit auslöschen würde. Aus diesem Ereignis kann man dann sehr klar schlussfolgern, welche Voraussetzungen zumindest auf der kosmischen Ebene erfüllt sein müssten, um eine Auslöschung der Menschheit zumindest auf dieser Ebene vermeiden und verhindern zu können.

Wenn man sich auf die Suche nach Ereignissen begibt, die auf der kosmologischen Ebene das Überleben der Menschheit gefährden könnten, dann handelt es sich auf dieser Ebene eigentlich nicht um einzelne Ereignisse, die sich ereignen könnten, sondern um bestimmte Zustände, die das Universum als Universum selbst einnehmen könnte und die die Auslöschung der Menschheit deshalb bewirken könnten, weil das Universum einen solchen Zustand einnehmen könnte, der Leben und damit auch menschliches Leben in diesem Universum unmöglich machen würde. Das Universum könnte (zumindest nach den Schlussfolgerungen der Kosmologinnen und Kosmologen wie auch der Astrophysikerinnen und Astrophysiker, die sie aus ihren Gleichungen, Beobachtungen und Simulationen ziehen) deshalb im Laufe der Zeit einen solchen Zustand einnehmen, weil das Universum kein statisches, sondern ein dynamisches Universum ist und sich sozusagen als Universum selbst verändert und entwickelt. Falls es solche Zustände des Universums geben könnte, die jegliches Leben im Universum unmöglich machen würden, dann kann man aus diesen möglichen Zuständen des Universums ebenfalls diejenigen Voraussetzungen ableiten, die unter allen Umständen und auf jeden Fall und ohne Einschränkung auf der kosmologischen Ebene (sozusagen auf der Ebene des Universums selbst) erfüllt sein müssten, damit die Menschheit überleben könnte und nicht ausgelöscht würde.

Schließlich und ganz am Schluss werde ich noch die Konsequenzen erörtern, die sich für das Überleben der Menschheit ergeben würden, wenn es gelingen würde, Menschen unsterblich zu machen.

Damit hier keine Missverständnisse entstehen: Damit meine ich natürlich keine irgendwie gearteten metaphysischen Konzepte der Unsterblichkeit wie etwa die Vorstellung einer unsterblichen Seele des Menschen, die den Tod von Menschen überdauert. Solche Annahmen will ich als Vorstellungen über eine irgendwie geartete **transzendente** Unsterblichkeit bezeichnen. Als die Vorstellung einer **transzendenten** Unsterblichkeit von Menschen will ich die **Vorstellung** bezeichnen, ein Mensch könnte in einer wie auch immer gearteten immateriellen Form über seinen Tod hinaus weiterleben. Ein Mensch wird dann transzendent unsterblich, wenn zwar der Körper dieses Menschen stirbt, aber seine Seele, sein Geist, sein Bewusstsein oder sein Ich (oder welche immateriellen Entitäten man im Zusammenhang mit der menschlichen Existenz sonst noch für potentiell unsterblich halten mag) über den Tod hinaus praktisch für ewig weiterexistieren. Diese transzendente Unsterblichkeit ist für das Überleben der Menschheit nicht von Bedeutung, denn die transzendente Unsterblichkeit ist eine bloß vorgestellte Unsterblichkeit von Menschen, die schon gestorben und tot sind.

Für das Überleben der Menschheit ist diejenige Unsterblichkeit von Bedeutung, die ich als die **innerweltliche** Unsterblichkeit bezeichnen will, denn diese **innerweltliche** Unsterblichkeit wäre die Unsterblichkeit von noch lebenden Menschen und damit auch die Garantie für das Überleben der Menschheit. Als die Vorstellung einer **innerweltlichen** Unsterblichkeit will ich die Vorstellung bezeichnen, Menschen könnten zum einen die **biologische** Unsterblichkeit erlangen, d.h. den Alterungsprozess ihres Körpers aufhalten und eine unbegrenzte Regenerationsfähigkeit ihres Körpers erreichen. Zum anderen verstehe ich unter der innerweltlichen Unsterblichkeit eine, wie ich sie nennen will, **maschinelle** Unsterblichkeit. Als die Vorstellung einer maschinellen Unsterblichkeit will ich die Vorstellung bezeichnen, dass zwar der Körper eines Menschen stirbt, aber seine Seele, sein Geist, sein Bewusstsein oder sein Ich auf einem nichtmenschlichen materiellen Substrat auf irgendeine Art und Weise gespeichert werden oder auf dieses nichtmenschliche materielle Substrat übertragen werden könnte und Menschen (zumindest irgendwelche wie auch immer geartete immaterielle Teile von ihnen) auf diese Weise Unsterblichkeit erlangen könnten.

Dieses Kapitel über die Möglichkeit einer innerweltlichen Unsterblichkeit von Menschen und den Konsequenzen einer solchen innerweltlichen Unsterblichkeit von Menschen für das Überleben der Menschheit ist dann aber auch schon der Abschluss dieses Buches, denn ein Urteil darüber, ob aufgrund der Voraussetzungen, die ich auf der planetaren, auf der kosmischen und auf der kosmologischen Ebene für das Überleben der Menschheit dann ermittelt haben werde, die Menschheit überleben kann oder doch früher oder später ausgelöscht wird, werde ich nicht fällen. Meine Aufgabe sehe ich im Rahmen dieses Buches nur darin, diese Voraussetzungen aufgrund der naturwissenschaftlichen Erkenntnisse, die wir (also die Menschen und die Menschheit) bis jetzt über den Planeten Erde, den Kosmos und das Universum angesammelt haben, zu ermitteln und zu präsentieren. Ein Urteil darüber, ob die

Menschheit überleben kann oder doch notwendigerweise früher oder später ausgelöscht wird, soll jeder Mensch, der dieses Buch liest und über die Voraussetzungen nachdenkt, die ich hier in Bezug auf das Überleben der Menschheit versucht habe zu ermitteln, für sich selbst fällen.

Nun habe ich bisher immer wie selbstverständlich den Begriff der Menschheit verwendet und von der Menschheit gesprochen, die möglicherweise nicht überleben und deren Geschichte möglicherweise zu Ende gehen könnte. Aber was ist das überhaupt: „die Menschheit"? Was bedeutet der Begriff der Menschheit? Redet man denn überhaupt von etwas Bestimmten, wenn man den Begriff der Menschheit verwendet? Im nachfolgenden Kapitel werde ich versuchen, eine Antwort auf diese Fragen zu geben und eine Definition des Begriffs „Menschheit" zu entwickeln.

# 2  Die Menschheit

Ich bin mir sicher: Würde man in einer beliebigen Stadt in Deutschland beliebige Menschen etwa in einer Fußgängerzone fragen, was denn unter „der Menschheit" zu verstehen ist, dann würden die meisten Menschen antworten, dass mit „der Menschheit" die Gesamtheit aller Menschen gemeint ist, die auf der Erde leben oder die es auf der Erde gibt. Aber das wäre, wie ich gleich zeigen werde, keine sinnvolle und brauchbare Definition des Begriffs der Menschheit. Das hat den einfachen Grund darin, dass diese Bestimmung des Begriffs „Menschheit" zum einen zu unpräzise ist, um ihn sinnvoll gebrauchen zu können, da diese Bestimmung der Menschheit keinen konkreten Zeitpunkt angibt, zu dem diese Menschen auf der Erde leben und zum anderen auch wiederum zu eng gefasst ist, denn die Menschheit besteht ja dann, auch wenn man einen bestimmten Zeitpunkt angibt, nicht nur aus den Menschen, die zu diesem bestimmten Zeitpunkt auf der Erde leben, sondern auch aus den Menschen, die vor diesem bestimmten Zeitpunkt auf der Erde gelebt haben und die nach diesem Zeitpunkt auf der Erde gelebt haben werden.

Die Aussage, dass mit der Menschheit alle Menschen gemeint sind, die auf der Erde leben oder die es auf der Erde gibt, würde in ihrer Allgemeinheit nur dann den Begriff „Menschheit" richtig definieren, wenn alle Menschen, die auf der Erde leben, schon immer innerweltlich unsterblich gewesen wären und wenn sie zu keiner Zeit Menschen gezeugt hätten. Wäre die Anzahl der Menschen auf der Erde konstant, weil diese Menschen schon immer innerweltlich unsterblich gewesen wären und gleichzeitig keine „neuen" Menschen gezeugt hätten, dann wären die heute lebenden Menschen identisch mit den gestern lebenden Menschen und auch identisch mit den morgen lebenden

Menschen und dann und nur dann wäre die Menschheit stets identisch mit der Gesamtheit der Menschen, die auf der Erde leben.

Die Aussage: „Die Menschheit ist die Gesamtheit aller Menschen, die auf der Erde leben." wäre also nur deshalb dann in dieser Allgemeinheit richtig, wenn Menschen schon immer innerweltlich unsterblich gewesen wären und niemals Kinder gezeugt hätten, weil die Menge oder die Gesamtheit aller lebenden Menschen nicht konstant ist und sich permanent verändert, da ständig Menschen geboren werden, aber auch ständig Menschen sterben. Pro Sekunde werden momentan weltweit durchschnittlich etwa 4,3 Menschen geboren und etwa 1,8 Menschen sterben. Pro Sekunde wächst also die Menschheit in diesem Sinne um etwa 2,5 Menschen. Oder um etwa 80 Millionen Menschen pro Jahr. Dass sich die genaue Zahl der geborenen und gestorbenen Menschen pro Jahr, pro Tag oder auch pro Sekunde natürlich nicht exakt bestimmen lässt, ist für die Definition des Begriffs „Menschheit" nicht relevant. Relevant für diese Definition ist nur, dass die Zahl der lebenden Menschen nicht konstant ist und sich diese Zahl durch die Geburt und den Tod von Menschen permanent verändert. Und das ist unbestritten so.

Würde man also die Aussage treffen, dass die Menschheit die Gesamtheit aller Menschen ist, die auf der Erde leben, dann muss man, da sich die Gesamtheit der Menschen, die auf der Erde leben, ständig verändert, stets einen bestimmten Zeitraum angeben, in dessen Rahmen die Gesamtheit der Menschen bestimmt werden soll, die auf der Erde leben oder die es gibt.

Würde nun etwa eine Sprecherin daraufhin ihre Aussage: „Die Menschheit ist die Gesamtheit aller Menschen, die auf der Erde leben." präzisieren und sagen, dass die

Menschheit aus der Gesamtheit aller Menschen besteht, die heute auf der Erde leben, so müsste sie auch dieses „heute" noch einmal durch die dann genaue Zeitangabe präzisieren, welches Datum mit „heute" denn eigentlich gemeint ist.

So könnte man dann, wenn die Sprecherin mit „heute" (angenommen) den 01.01.2023 von 00:00 Uhr bis um 24:00 Uhr gemeint hat, die Menschheit am 01.01.2023 bestimmen und diese so bestimmte Gesamtheit der Menschen, die am 01.01.2023 am Leben waren, als „die Menschheit am 01.01.2023" bezeichnen. Hätte man die Gesamtheit aller Menschen erfassen wollen, die die Menschheit am 01.01.2023 gebildet haben, dann hätte man aber abwarten müssen, bis der 01.01.2023 vorbei und Geschichte ist, da sich bis zum Ende des 01.01.2023 die Anzahl der lebenden Menschen durch den Tod und vor allen Dingen durch die Geburt von Menschen ständig verändert hätte.

Deshalb würde es nur einen Sinn ergeben zu sagen, dass die Menschheit am 01.01.2023 aus der Gesamtheit aller Menschen besteht, die während dieses 01.01.2023 auf der Erde gelebt und existiert **haben**, da man erst im Nachhinein den gesamten Zeitraum dieses 01.01.2023 und damit auch die Anzahl der Menschen überblicken kann, die an diesem Tag gelebt und existiert haben, da sich, um es noch einmal zu wiederholen, die Anzahl der Menschen, die leben und existieren, ständig dadurch verändert, dass Menschen geboren werden, aber auch Menschen sterben. Die Gesamtheit aller Menschen, die die Menschheit am 01.01.2023 bilden würden, wären dann die Menschen, die zu **Beginn** dieses 01.01.2023 am Leben waren und auf der Erde gelebt haben zuzüglich der etwa 216.000 Menschen, die während dieses 01.01.2023 sozusagen als „neue" Menschen durch ihre Geburt zur Menschheit hinzugekommen sind. Die Menschen, die am **Ende** des 01.01.2023 am Leben waren, sind dann diejenigen Menschen, die die Gesamtheit aller Menschen bilden, die am **Anfang** des 02.01.2023 am Leben sind. Das sind diejenigen Menschen, die am **Anfang** des 01.01.2023 am Leben waren abzüglich der etwa 155.520 Menschen, die während des 01.01.2023 verstorben sind und zuzüglich der etwa 371.520 Menschen, die am 01.01.2023 geboren wurden. Wie ich auf diese 216.000, 155.520 und 371.520 Menschen komme? Ganz einfach.

Der 01.01.2023 hat insgesamt 24 Stunden. Diese 24 Stunden haben 1440 Minuten und diese 1440 Minuten haben wiederum 86.400 Sekunden. Nimmt man die durchschnittliche Mortalitätsrate von derzeit etwa 1,8 Menschen pro Sekunde, dann sind an diesem 01.01.2023 etwa 155.520 Menschen verstorben. Nimmt man die durchschnittliche Geburtenrate von momentan etwa 4,3 Menschen pro Sekunde, dann sind an diesem 01.01.2023 etwa 371.520 Menschen geboren worden. Das bedeutet, dass an diesem 01.01.2023 die Menschheit um etwa 216.000 Menschen größer geworden ist. Das ist, wie ich finde, eine beeindruckende Zahl. Die Weltbevölkerung nimmt damit jeden Tag um die Einwohnerzahl von Mainz oder Lübeck oder Erfurt zu.

Um diese Zusammenhänge nochmals zu verdeutlichen, konstruiere ich an dieser Stelle ein kleines Modell der Menschheit, in dem ich festlege, dass die Gesamtbevölkerung an Menschen am 01.01.2023 um Punkt 00:00 Uhr aus den Menschen $P_1$ bis $P_{1000}$ bestanden hat. Von diesen Menschen $P_1$ bis $P_{1000}$ versterben nun angenommen die Menschen $P_1$ bis $P_{10}$ im Zeitraum des 01.01.2023. Gleichzeitig werden aber die Menschen $P_{1001}$ bis $P_{1022}$ in diesem Zeitraum des 01.01.2023 geboren. Am 01.01.2023 um Punkt 24:00 Uhr hat die Gesamtbevölkerung an Menschen dann aus den Menschen $P_{11}$ bis $P_{1022}$ bestanden. Die Anzahl der Menschen, die in diesem Zeitraum am Leben waren, hat sich damit in diesem Zeitraum des 01.01.2023 von 00:00 Uhr bis um 24:00 Uhr um 12 Menschen erhöht, da 10 Menschen verstorben sind und 22 Menschen geboren wurden. Es ist deutlich zu sehen, dass sich die Zusammensetzung der Menschen, die in einem bestimmten Zeitraum leben und existieren, durch die Geburt und den Tod von Menschen ständig verändert. Außerdem nimmt auch die Anzahl der Menschen im Verlauf dieses Zeitraums stetig zu, da mehr Menschen geboren werden als sterben.

Die Menschheit am 01.01.2023 um 00:00 Uhr hat zu diesem Zeitpunkt aus den Menschen $P_1$ bis $P_{1000}$ und am 01.01.2023 um 24:00 Uhr zu diesem Zeitpunkt aus den Menschen $P_{11}$ bis $P_{1022}$ bestanden. Diese Menschen $P_{11}$ bis $P_{1022}$ bilden nun die Gesamtbevölkerung an Menschen am 02.01.2023 um 00:00 Uhr. Von diesen Menschen $P_{11}$ bis $P_{1022}$ versterben nun angenommen die Menschen $P_{11}$ bis $P_{20}$ im Zeitraum des 02.01.2023. Gleichzeitig werden aber (angenommen) die Menschen $P_{1023}$ bis $P_{1044}$ in diesem Zeitraum des 02.01.2023 geboren. Am 02.01.2023 um 24:00 Uhr hat die Gesamtbevölkerung an Menschen dann aus den Menschen $P_{21}$ bis $P_{1044}$ bestanden, die dann wiederum die Gesamtbevölkerung an Menschen am 03.01.2023 um 00:00 Uhr bilden. Usw.

Betrachtet man den gesamten Zeitraum des 01.01.2023 von 00:00 Uhr bis um 24:00 Uhr, dann besteht die Gesamtheit aller Menschen, die in diesem Zeitraum am Leben waren und existiert haben, aus den Menschen $P_1$ bis $P_{1022}$. Diese Menschen $P_1$ bis $P_{1022}$ bilden dann die Menschheit am 01.01.2023. Die Menschheit am 02.01.2023 hätte dann aus den Menschen $P_{11}$ bis $P_{1044}$ bestanden, da das die Menschen waren, die im gesamten Zeitraum des 02.01.2023 am Leben waren und existiert haben. Wie man sieht, bezeichnet der Begriff „Menschheit" in diesem kleinen Modell der Menschheit in Bezug auf den 01.01.2023 etwas anderes als in Bezug auf den 02.01.2023. Dies wäre natürlich auch so, wenn man die tatsächliche Anzahl an Menschen bestimmen würde, die am 01.01.2023 und am 02.01.2023 am Leben waren und existiert haben.

Würde man aber wie in dem obigen Beispiel nur die Menschheit am 01.01.2023 bestimmen, dann würde man etwa alle diejenigen Menschen aus der Bestimmung der Menschheit ausschließen, die am 31.12.2022 zwar noch am Leben waren, jedoch zu Beginn dieses 01.01.2023 schon nicht mehr am Leben gewesen sind, aber unbestritten zur Menschheit hinzugerechnet werden müssten, da sie als Menschen existiert haben.

Aus der Angabe eines bestimmten Zeitraums für die Bestimmung einer Gesamtheit von Menschen, die dann die Menschheit sein sollen, ergibt sich somit als erstes Problem, dass dabei alle diejenigen Menschen aus der Bestimmung der Menschheit ausgeschlossen wären, die vor und nach diesem Zeitraum auf der Erde gelebt haben oder am Leben waren, aber zur Menschheit dazugerechnet werden müssten, da sie ja als Menschen existiert haben.

Aus der Angabe eines bestimmten Zeitraums für die Bestimmung einer Gesamtheit und einer Anzahl von Menschen, die dann die Menschheit in diesem Zeitraum sein sollen, ergibt sich aber auch noch ein zweites Problem. Denn wenn eine Sprecherin mit der Aussage: „Die Menschheit ist die Gesamtheit aller Menschen, die auf der Erde leben." stets einen exakten Zeitraum angeben würde, auf den sich diese Aussage bezieht, dann würde es natürlich, wie das obige Beispiel auch gezeigt hat, nicht „die eine Menschheit", sondern so viele Menschheiten geben, wie Gesamtheiten von Menschen bestimmt werden könnten, die in unterschiedlichen Zeiträumen am Leben waren. Prinzipiell und rein theoretisch wären das dann unendlich viele Menschheiten, die durch einen Sprecher oder eine Sprecherin bestimmt werden könnten.

Diese beiden Probleme lassen sich aber nun recht einfach lösen. Denn aus dem bisher Gesagten folgt, dass die Menschheit als die Gesamtheit aller Menschen, die in einem bestimmten Zeitraum am Leben waren, umso größer wird, je größer der Zeitraum ist, den man mit der Aussage: „Die Menschheit ist die Gesamtheit aller Menschen, die in einem bestimmten Zeitraum gelebt haben." bestimmt. Wählt man den Zeitraum nur groß genug, den man mit dieser Aussage meint, dann ist es offensichtlich möglich, die gesamte Menschheit als die größtmögliche Zahl und als die größtmögliche Gesamtheit aller Menschen, die jemals am Leben waren, zu bestimmen. Ich will diese Menschheit im Folgenden als die **„eine gesamte Menschheit"** bezeichnen. Diese eine gesamte Menschheit wäre also nicht nur die Menschheit bezogen auf ein „heute" oder einen Tag oder bezogen auf ein Jahr, sondern bezogen auf den Zeitraum, in dem alle Menschen gelebt haben, die jemals am Leben waren. Und jeder einzelne Mensch wäre dann allein durch seine Existenz eine Repräsentantin oder ein Repräsentant dieser einen gesamten Menschheit.

Geht man davon aus, dass Menschen sterblich sind und auch sterblich bleiben werden und die Menschheit damit im Laufe der Zeit einem ständigen Wandel unterworfen ist, dann kann man die **eine gesamte Menschheit, die mit dem Begriff „Menschheit" zu bezeichnen wäre,** als die Gesamtheit aller Menschen definieren, die in einem Zeitraum gelebt und existiert haben, der so groß gewählt ist, dass in diesem Zeitraum alle Menschen versammelt sind, die **jemals** gelebt und existiert haben.

Diese eine gesamte Menschheit wäre nur dann eine abgeschlossene Menge von Menschen, wenn die Menschheit nicht überleben würde und die Geschichte der Menschheit irgendwann einmal zu Ende wäre. Sollte aber die Menschheit tatsächlich überleben, dann hätte unter der Voraussetzung, dass Menschen niemals die innerweltliche Unsterblichkeit erlangen können und erlangen werden, der Zeitraum, den man betrachten müsste, um die eine gesamte Menschheit als diejenigen Menschen zu erfassen, die jemals am Leben waren, notwendigerweise kein Ende und die Menge der Menschen, die insgesamt die eine gesamte Menschheit bilden würden, wäre unendlich groß. Ich werde auf diese Zusammenhänge noch einmal zurückkommen, wenn ich versuchen werde zu bestimmen, was unter dem Überleben der Menschheit zu verstehen ist.

Wenn nun aber die eine gesamte Menschheit aus allen Menschen besteht, die jemals am Leben waren und existiert haben, dann stellt sich auch sofort die Frage, wann denn die Geschichte der Menschheit begonnen hat. Oder, mit anderen Worten: Wann hat denn der erste moderne Mensch als erstes Exemplar der Tierart *Homo sapiens* gelebt und somit die Menschheit begründet? Niemand kann diese Frage beantworten. Aber irgendwann zu einem Zeitpunkt in der Vergangenheit muss es zumindest ein Exemplar der Gattung *Homo* gegeben haben, den man als den ersten modernen Menschen und damit als ein erstes Exemplar der Tierart *Homo sapiens* hätte bezeichnen können.

Auch wenn man den Zeitpunkt, zu dem es das erste Exemplar der Tierart *Homo sapiens* gegeben hat, nicht bestimmen kann, so scheint man sich derzeit doch zumindest dahingehend sicher zu sein, dass der moderne Mensch vor ca. 300.000 Jahren in Afrika entstanden ist und sich von dort aus über die ganze Erde ausgebreitet hat.

„Seit 2,5 Mio. Jahren entwickelte die Gattung *Homo* eine ganz außerordentliche biokulturelle Diversität. Dieses Phänomen ist nur aus dem Zusammenwirken des Menschen mit Umweltfaktoren, wie beispielsweise Lebensraum, Habitat, Nahrung, Konkurrenz oder soziale Umwelt, zu erklären. Die modernen Menschen entstanden vor ca. 15.000 Generationen in Afrika und besiedelten von hier aus die gesamte Erde. Afrika ist Ursprungsort unserer gemeinsamen biologischen, sozialen und kulturellen Evolution und damit auch der Ursprung unserer Wissens- und Wertesysteme" (Schrenk 2019; S. 115).

Es ist aber für die Bestimmung der Voraussetzungen für das Überleben der Menschheit (natürlich) nicht entscheidend, dass niemand so genau weiß, wann denn die Geschichte des modernen Menschen und damit auch die Geschichte der Menschheit begonnen hat, denn im Zusammenhang mit den Voraussetzungen für das Überleben der Menschheit ist nicht so sehr die Vergangenheit der Menschheit interessant (obwohl dies auch ein sehr spannendes Thema ist), sondern in erster Linie deren Zukunft. Genauer: Das Überleben der Menschheit in einer wie auch immer gearteten Zukunft.

Nachdem ich nun also versucht habe zu bestimmen, was man sinnvollerweise mit dem Begriff „Menschheit" bezeichnen könnte, werde ich im folgenden Kapitel versuchen zu zeigen, dass Menschen durch gute Gründe gerechtfertigt sind zu glauben, die Menschheit könnte ausgelöscht werden und die Tierart *Homo sapiens* könnte damit für immer von der Erde verschwinden.

## 3 Das Worst-Case-Szenario der vollständigen Auslöschung

Würde man nun wiederum in einer beliebigen Stadt in Deutschland beliebige Menschen etwa in einer Fußgängerzone fragen, ob es denn möglich wäre, dass die Menschheit nicht überlebt, dann würde, da bin ich mir auch sicher, die überwiegende Mehrheit aller Befragten antworten, dass dies ohne Zweifel der Fall sein könnte. Nun ist es aber offensichtlich nur dann nicht vollkommen widersinnig, der Überzeugung zu sein, dass die Menschheit nicht überleben könnte, wenn nicht zumindest die **begründete und begründbare** Möglichkeit bestehen würde, dass die gesamte Menschheit ausgelöscht werden könnte. Was wären also, so lautet die Frage, plausible Gründe, die diese Menschen für ihre Überzeugung anführen könnten, dass es tatsächlich möglich ist, dass die Menschheit nicht überlebt?

Diese plausiblen Gründe können aber trivialerweise nicht aus einer wie auch immer gearteten Erfahrung abgeleitet werden, die Menschen mit dem Ende der Menschheit gemacht haben, da es ja sofort und unmittelbar einleuchtend ist, dass es unmöglich irgendeine Erfahrung von Menschen darüber geben kann, dass es möglich ist, dass es ein Ende der Menschheit gibt.

Denn es ist offensichtlich und ohne Zweifel richtig, dass das Überleben der Menschheit spätestens dann gescheitert ist, wenn es irgendwann keine Menschen mehr gibt. Oder etwas direkter formuliert: Wenn alle Menschen ohne Ausnahme tot sind. Ist der letzte Mensch tot, dann ist auch die Geschichte der einen gesamten Menschheit zu Ende, da es keine Menschen mehr gibt, die durch ihre Existenz die Geschichte der einen gesamten Menschheit bezeugen und fortführen könnten. Falls alle Menschen tot wären, hätte die eine gesamte Menschheit aus dem Grund nicht überlebt, weil die eine gesamte Menschheit dann nur noch aus einer endlichen Anzahl von schon toten Menschen bestehen würde. Die eine gesamte Menschheit ist damit so lange am Leben, solange es Menschen gibt, die am Leben sind und die durch ihre Existenz die Existenz der einen gesamten Menschheit bezeugen und repräsentieren und auch fortführen können.

So können Menschen unter der Voraussetzung, dass alle Menschen tot sind, falls das Überleben der Menschheit gescheitert ist, niemals wissen, dass das Überleben der Menschheit tatsächlich scheitern kann, denn da dann in diesem Fall alle Menschen tot wären, kann auch trivialerweise in diesem Fall kein Mensch mehr feststellen, dass alle Menschen tot sind und das Überleben der Menschheit somit tatsächlich scheitern kann, weil es gescheitert ist. Das Überleben der Menschheit ist also genau dann gescheitert, wenn es keinen Menschen mehr gibt, der feststellen könnte, dass das Überleben der Menschheit gescheitert ist.

Scheitert das Überleben der Menschheit und endet damit die Geschichte der Menschheit, dann stellt das ein singuläres und nicht wiederholbares Ereignis dar, über das Menschen weder etwas wissen noch irgendeine Erfahrung gemacht haben können. Denn entweder ist das Überleben der Menschheit noch nicht gescheitert. Dann gibt es auch keine Erfahrung von Menschen darüber, ob das Überleben der Menschheit tatsächlich scheitern kann. Oder das Überleben der Menschheit ist gescheitert. Dann gibt es aber auch keinen Menschen mehr, der wissen könnte oder der von sich sagen könnte, dass er die Erfahrung gemacht hat, dass das Überleben der Menschheit tatsächlich scheitern kann.

Die Behauptung, dass es die Möglichkeit gibt, dass die Menschheit nicht überlebt, ist eine These, die nicht bewiesen werden kann, da irgendein Mensch feststellen müsste, dass sie wahr ist, den es aber genau dann nicht mehr gibt, wenn sich diese These als wahr erwiesen hat und damit wahr wäre. Und da es (jedenfalls zu dem Zeitpunkt, zu dem ich diese Zeilen schreibe) immer noch Menschen gibt, hat es bis jetzt in der Geschichte der Menschheit auch trivialerweise noch keinen Zeitpunkt gegeben, ab dem es keine Menschen mehr gegeben hat und die Menschheit damit nicht überlebt hätte. Menschen können also stets nur vermuten, dass es irgendwann einen Zeitpunkt geben wird oder geben könnte, ab dem es keine Menschen mehr gibt und die Menschheit damit nicht überlebt hätte. Trotzdem scheint es vielen Menschen sehr plausibel zu sein, dass die Möglichkeit besteht, dass die Menschheit nicht überleben und dass die Geschichte der Menschheit irgendwann einmal zu Ende sein könnte.

Die erste Antwort auf die Frage, warum Menschen zu der Überzeugung gelangen können, dass es ein Ende der Menschheit geben könnte, ist nun recht einfach: Menschen lernen früher oder später, dass alle Menschen, die am Leben sind und die noch geboren werden, ohne Ausnahme auf welche Art und Weise auch immer sterben müssen und getötet werden können. Diese Überzeugung von Menschen in Bezug auf den Tod von Menschen und auch in Bezug auf ihren eigenen Tod ist nicht angeboren, sondern muss tatsächlich von Menschen gelernt und erworben werden.

> „Während einige Denker die Auffassung vertraten, dass ein Mensch nur durch Erfahrung zu der Einsicht gelangen könne, dass er selbst sterben muss, behaupten andere, dass es eine apriorische und intuitive Todesgewissheit gebe, das heißt, dass auch ein Mensch,

der niemals den Tod eines anderen Lebewesens erlebt hätte, wüsste, dass er eines Tages sterben wird. Die Erkenntnisse, zu denen die empirisch arbeitende Entwicklungspsychologie in den letzten Jahrzehnten gelangt ist, lassen jedoch keinen Zweifel daran, dass das Wissen um die eigene Sterblichkeit nicht angeboren ist, sondern erworben wird. Kinder gelangen schrittweise zu einem vollständigen Verständnis des Begriffs „Tod", und sie müssen lernen, dass alle Menschen, sie selbst eingeschlossen, sterben werden" (Wittwer 2020; S. 8).

Zwar könnte ein Mensch annehmen, dass er der erste unsterbliche Mensch ist, den es auf der Erde gibt, aber er könnte keinen einzigen plausiblen und rationalen Grund angeben, warum er dieser Überzeugung ist. Ganz im Gegenteil. Er kann an sich selbst früher oder später alle Zeichen des Alterns und des körperlichen Zerfalls wahrnehmen, die er auch an anderen Menschen wahrgenommen hat, bevor diese gestorben sind.

„Seit es Menschen gibt, sterben sie. Von dieser banalen Regel lässt sich bislang aus fachhistorischer Perspektive keine Ausnahme erkennen. Auch aus seriöser medizinisch-naturwissenschaftlicher Sicht fehlt jeder Hinweis, dass sich dies in absehbarer Zeit ändern wird. Der biologische Tod bildet offensichtlich - genauso wie die Geburt - eine anthropologische Konstante" (Schäfer 2015; S. 149).

Der **biologische Tod** markiert dabei das definitive Ende eines Lebewesens als Lebewesen. Menschen sind dann **biologisch tot**, wenn ihre Vitalfunktionen irreversibel (also unumkehrbar) auf welche Art und Weise auch immer zum Stillstand gekommen sind oder auf welche Art und Weise auch immer zum Stillstand gebracht wurden. Diese Vitalfunktionen des Menschen als Lebewesen und als Tier, die im Falle des biologischen Todes irreversibel zum Stillstand kommen, lassen sich wie folgt bestimmen:

> „Es herrscht heute weitgehend Einigkeit darüber, dass Leben der Prozess ist, in dem sich bestimmte organische Körper mittels der sogenannten Lebensfunktionen (Vitalfunktionen) selbst organisieren und erhalten. Welche und wie viele dieser Funktionen es gibt, hängt vom Grad der Komplexität der jeweiligen biologischen Tierart ab. Der menschliche Organismus verfügt über fünf Vitalfunktionen: die Steuerung durch das Zentralnervensystem, den Blutkreislauf, die Atmung, den Stoffwechsel und die Temperaturregulation. Diesen fünf Funktionen entsprechen bestimmte Organe oder Organsysteme, so etwa die Lunge der Atmung" (Wittwer 2020; S. 14).

Durch den Stillstand der Vitalfunktionen beginnt sich die innere Struktur und die innere Ordnung von Menschen als Lebewesen und als Tiere auflösen, bis sie dann als bloß noch tote Körper unwiderruflich alle Eigenschaften verloren haben, die sie als Lebewesen ausgezeichnet haben.

Man kann aus der Erfahrung, dass alle Menschen bisher auf welche Art und Weise auch immer gestorben sind oder getötet wurden, die unvermeidliche Schlussfolgerung ziehen, dass alle Menschen, die am Leben sind und die noch geboren werden, ohne Ausnahme irgendwann auf welche Art und Weise auch immer sterben müssen und getötet werden können, falls (und das ist die einschränkende Bedingung, die noch ausführlicher zu erörtern sein wird) es nicht gelingt, Menschen innerweltlich unsterblich zu machen.

Nun kann man berechtigterweise einwenden, dass niemand wissen kann, ob notwendigerweise alle Menschen (also die noch lebenden wie auch die noch gar nicht gezeugten und geborenen Menschen) auf welche Art und Weise auch immer sterben müssen und getötet werden können, da es dafür, wie der schottische Philosoph David Hume (1711 – 1776) gezeigt hat, kein rational begründbares Argument gibt.

> „Lassen sich empirische Allaussagen rechtfertigen? Bisher, so könnte man im Anschluss an Hume argumentieren, sind zwar viele Menschen gestorben. Folgt aber daraus, dass alle jetzt und später lebenden Menschen ebenfalls sterben müssen? Nicht notwendigerweise. Möglicherweise weilt ja der erste Unsterbliche bereits unter uns. Wie alle skeptischen Argumente, so lässt sich auch dieses Argument nicht widerlegen" (Wittwer 2020; S. 9).

David Hume war und ist ein wichtiger, vielleicht der wichtigste Vertreter des Empirismus. Als Empirismus bezeichnet man eine philosophische Position, die besagt, dass alle Erkenntnis auf Erfahrung basiert. Der Empirismus betont die Bedeutung der Sinneswahrnehmung und der Erfahrung als Quelle des Wissens und argumentiert, dass sich Ideen und Konzepte von Menschen über die Welt durch direkte Beobachtung und Erfahrung mit der Welt entwickeln. Empiristen argumentieren, dass Menschen keine angeborenen Ideen oder angeborenes Wissen besitzen, sondern dass alle Erkenntnis aus der Erfahrung und der Sinneswahrnehmung abgeleitet wird. Sie lehnen die Vorstellung ab, dass es im Verstand angeborene Ideen gibt, die unabhängig von der Erfahrung existieren.

In seinem Werk „An Enquiry Concerning Human Understanding" (vergl. Hume 2016) beschäftigt sich Hume auch mit dem Problem der Induktion.

Hume argumentiert, dass die Induktion, also das Schließen von Einzelfällen auf allgemeine Gesetzmäßigkeiten, auf keinen festen logischen Grundlagen beruht. Er kritisiert die Annahme, dass die Zukunft der Vergangenheit ähnlich sein wird, und lehnt die Idee einer notwendigen Verbindung zwischen Ursache und Wirkung ab.

Hume ist, wie schon gesagt, der Ansicht, dass das Wissen von Menschen über die Welt stets auf Erfahrung basiert. Da Menschen beobachten, dass bestimmte Ereignisse wiederholt auftreten, nehmen sie an, dass ähnliche Ereignisse auch in der Zukunft auftreten werden. Dieser Schluss von der Vergangenheit auf die Zukunft ist jedoch, laut Hume, nicht logisch zwingend. Es gibt keine rationale Rechtfertigung dafür, dass sich die Zukunft genauso verhalten wird wie die Vergangenheit.

Hume argumentiert, dass die Überzeugung von Menschen von kausalen Zusammenhängen auf einer Gewohnheit oder einem psychischen Mechanismus beruht, der auf den Erfahrungen von Menschen basiert. Menschen gewöhnen sich an die wiederholte Beobachtung von Ursache-Wirkungs-Verbindungen, können aber daraus keine logisch zwingende Schlussfolgerung ziehen.

Insgesamt stellt Hume die Gültigkeit der Induktion in Frage und betont die begrenzte Reichweite des menschlichen Wissens. Seine Überlegungen zur Induktion haben in der Philosophie und Wissenschaftstheorie zu anhaltenden Diskussionen geführt und haben auch heute noch Einfluss auf die Debatte über das Problem der Induktion.

Man muss aber für die Erörterung der Voraussetzungen, die auf jeden Fall und unter allen Umständen das Überleben der Menschheit garantieren könnten, gar nicht wissen oder annehmen, dass alle Menschen, die am Leben sind und die noch geboren werden, **notwendigerweise** auf welche Art und Weise auch immer sterben müssen und getötet werden können. Es genügt anzunehmen, dass es **möglich** ist, dass alle Menschen, die am Leben sind und die noch geboren werden, ohne Ausnahme auf welche Art und Weise auch immer sterben müssen und getötet werden können. Aus der Erfahrung, dass bisher alle Menschen auf welche Art und Weise auch immer gestorben sind und getötet wurden, lässt sich zumindest die Möglichkeit ableiten, dass alle Menschen, die am Leben sind und die noch geboren werden, ohne Ausnahme auf welche Art und Weise auch immer sterben müssen und getötet werden können.

So wie sich aus der Erfahrung ableiten lässt, dass die Möglichkeit besteht, dass morgen die Sonne wieder aufgehen wird, weil sie schon viele Male aufgegangen ist und es somit möglich ist, dass sich dieser Vorgang wiederholen kann, obwohl natürlich **keine Notwendigkeit** besteht, dass die Sonne morgen wieder aufgehen wird. Aus der Erfahrung, dass die Sonne aufgegangen ist, lässt sich zumindest die Möglichkeit ableiten, dass die Sonne aufgehen kann und damit möglicherweise wieder aufgehen wird.

Aus dieser **Möglichkeit**, dass alle Menschen, die am Leben sind und die noch geboren werden, ohne Ausnahme auf welche Art und Weise auch immer sterben müssen und getötet werden können, lässt sich folgendes Szenario ableiten, das ich im Folgenden **„das Worst-Case-Szenario der vollständigen Auslöschung"** nennen werde:

Wenn die **Möglichkeit** besteht, dass alle Menschen, die am Leben sind und die noch geboren werden, ohne Ausnahme auf welche Art und Weise auch immer sterben müssen und getötet werden können, dann könnten katastrophale Ereignisse, die sich auf die gesamte Erde und auf alle Menschen auswirken, möglicherweise dazu führen, dass alle Menschen ohne Ausnahme durch die Auswirkungen solcher Ereignisse getötet werden oder dass durch die Auswirkungen solcher Ereignisse zumindest so viele Menschen getötet werden, dass die überlebenden Menschen nicht mehr die Möglichkeit hätten, sich auf welche Art und Weise auch immer fortzupflanzen und damit auf diese Weise die Geschichte der Menschheit zu Ende gehen würde und die Menschheit damit auch nicht überlebt hätte.

Warum spreche ich hier von „katastrophalen" Ereignissen? Mit dem Wort „katastrophal" werden Ereignisse bezeichnet, die weitreichende und schwerwiegende Zerstörungen, Schäden oder Verluste verursachen. Es handelt sich dabei in der Regel um unvorhergesehene oder unkontrollierbare Ereignisse, die einen erheblichen negativen Einfluss auf Menschen und die Umwelt haben.

Und warum habe ich hier außerdem den Begriff des „Worst Case" verwendet? Das ist ebenfalls unmittelbar einleuchtend und leicht zu erklären. Ein Worst Case bezieht sich stets auf den schlimmstmöglichen oder ungünstigsten Fall einer Entwicklung oder ein Szenario mit den schlechtesten möglichen Bedingungen oder Ergebnissen. Ein Worst Case ist eine Annahme oder Vorhersage, die die ungünstigsten Umstände, Probleme oder Konsequenzen einer bestimmten Situation oder eines bestimmten Ereignisses darstellt.

Das Konzept des Worst Case wird in den unterschiedlichsten Bereichen verwendet, um Risikoanalysen durchzuführen oder Entscheidungen zu treffen, indem man die negativsten Auswirkungen oder Konsequenzen von Entscheidungen und Ereignissen in Betracht zieht. Das Konzept des Worst Case hilft, potenzielle Probleme, Schwachstellen oder Risiken zu identifizieren und Strategien zu entwickeln, um mit ihnen umzugehen oder ihnen entgegenzuwirken.

In Bezug auf das Überleben der Menschheit dient das Worst-Case-Szenario der vollständigen Auslöschung dazu, die Voraussetzungen zu bestimmen, die dazu geeignet sind, genau dieses Worst-Case-Szenario der vollständigen Auslöschung auf jeden Fall und unter allen Umständen verhindern oder vermeiden zu können. In Bezug auf das Überleben der Menschheit stellt sich somit die Frage, welche Voraussetzungen denn gegeben sein müssten, damit auf keinen Fall und unter keinen Umständen das Worst-Case-Szenario der vollständigen Auslöschung eintritt.

Indem man für ein bestimmtes Szenario den Worst Case ermittelt und berücksichtigt, können Vorsichtsmaßnahmen getroffen, Pläne für Notfälle entwickelt und Maßnahmen ergriffen werden, um potenzielle Schäden oder Verluste zu minimieren. Die Berücksichtigung eines Worst Case ermöglicht eine Art vorweggenommener Schadensbegrenzung und eine bessere Vorbereitung auf ungünstige Szenarien.

Bewertet man das Ende der Geschichte der Menschheit als ein Ereignis, das nicht eintreten soll, dann besteht, wenn man dieses Ereignis auch noch unter einer anderen Perspektive betrachten will, somit das **Risiko**, dass das Worst-Case-Szenario der vollständigen Auslöschung tatsächlich eintritt, wenn man unter dem Begriff „Risiko" die mehr oder weniger große Wahrscheinlichkeit für den Eintritt eines zukünftigen Ereignisses versteht, das nicht eintreten soll, weil dieses Ereignis selbst oder die Konsequenzen aus diesem Ereignis als nachteilig bewertet werden.

Der Begriff "Risiko" bezeichnet somit die mehr oder weniger große Wahrscheinlichkeit für das Auftreten von unerwünschten oder schädlichen Ereignissen oder unerwünschten oder schädlichen Konsequenzen aus diesen Ereignissen. Der Begriff „Risiko" umfasst damit sowohl die Wahrscheinlichkeit des Eintritts eines unerwünschten Ereignisses als auch die Wahrscheinlichkeit potenzieller Auswirkungen oder Schäden, die aus dem Eintritt dieses unerwünschten Ereignisses resultieren können.

Bei der Risikobewertung sind stets verschiedene Faktoren zu berücksichtigen, wie etwa die Wahrscheinlichkeit des Eintretens eines Ereignisses, die potenziellen Auswirkungen, die Schwere der möglichen Schäden, die Verfügbarkeit von Schutzmaßnahmen und die Fähigkeit von Menschen, mit den Konsequenzen umzugehen.

Die Voraussetzungen, die das Überleben der Menschheit unter allen Umständen ermöglichen könnten, sind somit die Voraussetzungen, die einen Eintritt dieses Worst-Case-Szenarios der vollständigen Auslöschung unter allen Umständen verhindern könnten und die damit das Risiko vollständig beseitigen könnten, dass dieses Worst-Case-Szenario der vollständigen Auslöschung tatsächlich eintritt.

Neben ihrer Überzeugung, dass alle Menschen, die am Leben sind und die noch geboren werden, ohne Ausnahme früher oder später auf welche Art und Weise auch immer sterben müssen und getötet werden können, müssen Menschen aber auch die Überzeugung haben, dass es Ereignisse gibt, durch die nicht nur einzelne Lebewesen getötet werden können, sondern durch die möglicherweise ganze Tierarten oder Gattungen von Lebewesen ausgelöscht werden können, so dass durch solche Ereignisse auch das Worst-Case-Szenario der vollständigen Auslöschung eintreten könnte, um aufgrund dieser Überzeugung dann die Befürchtung haben zu können, dass die Menschheit nicht überleben könnte.

Um es noch einmal zu wiederholen: Sollte das Überleben der Menschheit scheitern, dann müssten durch welche Ereignisse auch immer und auf welche Art und Weise auch immer alle zu einem bestimmten Zeitpunkt lebenden Menschen getötet werden oder durch welche Ereignisse auch immer und auf welche Art und Weise auch immer zumindest so viele Menschen getötet werden, dass auf welche Art und Weise auch immer eine Fortpflanzung von Menschen nicht mehr möglich wäre. Durch diese Ereignisse wäre die Geschichte der Menschheit dann zu Ende und die Tierart *Homo sapiens* wie auch die Gattung *Homo* wäre ausgelöscht. Zur Erinnerung: Die Tierart *Homo sapiens* ist die einzige verbliebene (rezente) Tierart der Gattung *Homo*. Wäre die Tierart *Homo sapiens* ausgelöscht, dann wäre zugleich auch die Gattung *Homo* ausgelöscht.

Woher nehmen aber Menschen nun ihre Überzeugung, dass es tatsächlich solche Ereignisse gibt, die ganze Tierarten oder Gattungen von Lebewesen auslöschen und zum Verschwinden bringen können?

Diese Frage ist nun auch ganz einfach zu beantworten: Menschen sind der Überzeugung, dass es Ereignisse gibt, die ganze Tierarten und Gattungen von Lebewesen auslöschen können, weil Menschen zum einen wissen, dass es solche Ereignisse in der Geschichte der Erde und in der Geschichte des Lebens schon gegeben hat und Menschen zum anderen auch wissen, dass sie selbst im Laufe ihrer biologischen Evolution die intellektuellen Fähigkeiten und technischen Möglichkeiten entwickelt haben, solche Ereignisse selbst herbeizuführen. Die Tierart *Homo sapiens* ist damit die erste Tierart auf diesem Planeten, die durch die biologische Evolution Fähigkeiten entwickelt hat, durch die sie sich selbst als Tierart auslöschen kann. Hätte man einen Hang zur Ironie und zum Sarkasmus, dann könnte man aufgrund der Tatsache, dass der *Homo sapiens* die erste Tierart ist, die die Fähigkeiten entwickelt hat, sich selbst auszulöschen, durchaus zu der Überzeugung gelangen, dass der *Homo sapiens* schon allein dadurch mit Recht den Titel „Krone der Schöpfung" verdient hätte.

Würde ein solches Ereignis oder vielleicht auch eine Kombination solcher Ereignisse das Worst-Case-Szenario der vollständigen Auslöschung eintreten lassen, dann würde man auch vom Aussterben der Menschheit bzw. vom Aussterben der Gattung *Homo* bzw. der Tierart *Homo sapiens* sprechen. Ich hatte in der Einleitung den Begriff des Aussterbens schon einmal kurz erwähnt und definiert. Da aber die Möglichkeit des Aussterbens von Tierarten verständlich macht, warum Menschen die Befürchtung haben können, die Tierart *Homo sapiens* könnte ebenfalls aussterben, will ich an dieser Stelle den Begriff des Aussterbens noch einmal etwas genauer erörtern. Was versteht man also noch einmal genau unter dem Begriff „Aussterben"?

> „Vom Aussterben reden wir, wenn das letzte Individuum einer taxonomischen Gruppe (z.B. einer Art, Gattung oder Familie) stirbt" (MacLeod 2016; S. 9).

Oder getötet wird. Der Begriff „Taxonomie" bezeichnet dabei den Zweig der Biologie, der sich mit dem Einordnen von Lebewesen in systematische Kategorien befasst.

Der Begriff "Aussterben" bezeichnet also eine Entwicklung, an deren Ende eine Spezies oder eine Gruppe von Organismen nicht mehr existiert und keine lebenden Vertreter mehr aufweist. Das Aussterben einer Tierart tritt ein, wenn alle Individuen einer Tierart gestorben sind oder wenn sie nicht mehr dazu in der Lage sind, sich erfolgreich fortzupflanzen und Nachkommen zu erzeugen. Aussterben kann auf natürliche Ursachen zurückzuführen sein, wie zum Beispiel Umweltveränderungen, Katastrophen, Krankheiten oder Konkurrenz mit anderen Tierarten. Es kann aber auch aufgrund menschlicher Aktivitäten wie Lebensraumzerstörung, Überjagung, Überfischung, Umweltverschmutzung oder Klimawandel auftreten. Das Aussterben einer Tierart kann schwerwiegende ökologische Auswirkungen haben und die Biodiversität und das Gleichgewicht in Ökosystemen massiv beeinflussen.

Das Aussterben von Tierarten ist aber kein außergewöhnliches Ereignis, sondern solche Ereignisse finden ständig statt.

> „Aus der durchschnittlichen Dauer fossiler Arten [...] kann man mit einiger Sicherheit schließen, dass der Anteil der heute lebenden Arten weniger als ein Prozent aller Arten ausmacht, die je auf der Erde gelebt haben" (MacLeod 2016; S. 23).

Mit anderen Worten: Schätzungsweise mehr als 99% aller biologischen Arten, die jemals auf der Erde gelebt haben, sind bereits ausgestorben. Dass eine bestimmte Tierart ausstirbt, ist also nicht die Ausnahme, sondern die Regel. Dies gilt auch für die Tierart *Homo sapiens*. Wenn evolutionsbiologisch betrachtet alles seinen geregelten Gang geht, dann wird die Tierart *Homo sapiens* über kurz oder lang durch die natürliche Selektion ausgelöscht werden und von der Oberfläche der Erde wieder verschwunden sein. Aber es soll ja mit der Tierart *Homo sapiens* nicht alles seinen evolutionsbiologisch geregelten Gang gehen. Die Tierart *Homo sapiens* soll ja überleben.

Trotzdem ist der Schluss berechtigt, dass sich evolutionsbiologisch betrachtet im Hinblick auf die Tierart *Homo sapiens* nichts Ungewöhnliches ereignen würde, wenn sie tatsächlich aussterben würde, weil dies das Schicksal aller Tierarten ist und sie damit das Schicksal aller Tierarten teilen würde. Würde die Tierart *Homo sapiens* etwa durch die Folgen des menschengemachten Klimawandels aussterben, dann wäre die Tierart *Homo sapiens* schlicht und einfach nicht dazu in der Lage gewesen, sich biologisch und kulturell an diejenigen Umweltbedingungen anzupassen, die sie selbst geschaffen hat. Damit wäre die Tierart *Homo sapiens* aber nur ein weiteres gescheitertes Experiment der biologischen Evolution unter Millionen und Milliarden von anderen gescheiterten Experimenten, die die biologische Evolution durchgeführt hat. Warum ich den menschengemachten Klimawandel jedoch nicht für ein Ereignis halte, das das Worst-Case-Szenario der vollständigen Auslöschung und damit das Aussterben des *Homo sapiens* bewirken kann, werde ich weiter unten noch ausführlicher erläutern.

Prinzipiell unterscheidet man im Hinblick auf das Aussterben von biologischen Arten zwischen dem Massenaussterben und dem Hintergrundaussterben.

Massenaussterben in der Vergangenheit sind dadurch gekennzeichnet, dass innerhalb eines geologisch betrachtet kurzen Zeitraums eine erhebliche Anzahl an biologischen Arten ausgestorben ist, weil sich diese Arten an plötzlich auftretende Veränderungen in ihrer Umwelt nicht anpassen konnten.

> „Können wir die außerordentlichen und wiederholten Verzeichnisse von Massenaussterben auf der Erde irgendwie generalisieren? Eine gemeinsame Ursache ist es jedenfalls nicht – verschiedene Ereignisse können auf Asteroiden, Eiszeiten oder starke vulkanische Aktivitäten zurückgeführt werden. Auch die ökologischen Auswirkungen lassen sich nicht verallgemeinern

– Massensterben konnte zu unterschiedlichen ökologischen Ergebnissen führen, wobei die Veränderungen im Ökosystem die Stärke des Verlusts an Spezies nicht direkt widerspiegeln. Was die Ereignisse gemeinsam haben, ist, dass die Umwälzungen in der Umwelt schnell geschahen, die Geschwindigkeit der Veränderungen war ebenso wichtig wie die Magnitude. Verändert sich die Umwelt langsam, können sich die Populationen an die Umstände anpassen, doch wenn es sich schnell vollzieht, ist das vielleicht nicht möglich, sodass nur Migration oder Aussterben übrig bleibt. Massenaussterben zeigt vorübergehende, aber tiefgreifende Veränderungen der Umwelt, die von Mechanismen im Inneren der Erde oder irgendwo in unserer kosmischen Nachbarschaft ausgelöst werden" (Knoll 2023; S. 171).

Das größte heute bekannte und mittlerweile gut erforschte Massenaussterben ereignete sich dabei gegen Ende des Perm vor ca. 252 Millionen Jahren.

Das Perm ist eine geologische Periode, die vor etwa 298,9 Millionen Jahren begann und vor etwa 252,2 Millionen Jahren endete. Es ist die letzte Periode des Paläozoikums und folgt auf das Karbon. Das Perm ist nach der Region Perm in Russland benannt, wo die Gesteine dieser Zeit zuerst umfangreich untersucht wurden.

Während des Perm gab es bedeutende Veränderungen auf der Erde, darunter die Bildung des Superkontinents Pangaea. Das Klima war größtenteils trocken und es gab ausgedehnte Wüsten. Die Flora war vielfältig und umfasste erste blühende Pflanzen, Farne und Schachtelhalme. Die Tierwelt war ebenfalls vielfältig und umfasste große amphibienartige Reptilien, frühe säugetierähnliche Reptilien und eine Vielzahl von Meereslebewesen.

Das Perm endete mit dem größten Massenaussterben in der Erdgeschichte, dem sogenannten Perm-Trias-Massensterben, bei dem etwa 90% der marinen biologischen Arten und 70% der terrestrischen biologischen Arten ausgelöscht wurden. Dieses Ereignis markiert das Ende des Paläozoikums und den Beginn des Mesozoikums.

„An der Wende vom 20. zum 21. Jahrhundert schenkte man dem Aussterben im Perm immer größere Beachtung. Das lag vor allem daran, dass es das verheerendste derartige Ereignis überhaupt war: Nach einer heute häufig wiederholten Schätzung verschwanden damals bis zu 90 Prozent aller biologischen Arten" (Ward/Kirschvink 2018; S. 304).

Im Gegensatz zu Ereignissen des Massenaussterbens von biologischen Arten vollzieht sich das sogenannte Hintergrundaussterben kontinuierlich und gleichmäßig durch natürliche Auslese aufgrund eines allmählichen Wandels der Umwelt. Durch diese Hintergrundaussterbeereignisse wurden aber die meisten der bisher existierenden biologischen Arten ausgelöscht.

„Massenaussterbeereignisse werden von den meisten Forschern als außergewöhnliche Phänomene angesehen, die außergewöhnlicher Erklärungen bedürfen. Infolgedessen werden die Hintergrundaussterben oft mit dem Aussterben verbunden, die durch den normalen darwinistisch evolutionären Prozess von Wettbewerb und natürlicher Auslese entstehen. Betrachtet man aber die nackten Zahlen, ist das Hintergrundaussterben sehr viel bedeutender. Schätzungen zufolge fanden mehr als 95 Prozent aller Artensterben in der Geschichte des Lebens während der Zeitintervalle des Hintergrundaussterbens statt. Diese Tatsache allein macht das Hintergrundaussterben zu einer wichtigen,

wenngleich seltsamerweise gern übersehenen Kategorie in der Geschichte des Aussterbens" (MacLeod 2016;
S. 56).

Ob nun durch Ereignisse bewirkt, die ein Massenaussterben verursachen oder durch Ereignisse bewirkt, die ein
allmähliches Hintergrundaussterben verursachen: Menschen wissen, dass im Laufe der Zeit Tierarten aussterben
können und im Laufe der biologischen Evolution und der
Erdgeschichte schon unzählige Tierarten ausgestorben
sind und dies prinzipiell und ohne Zweifel auch die Tierart *Homo sapiens* treffen kann.

Zusammenfassend lässt sich nun die Frage beantworten,
weshalb Menschen die berechtigte Überzeugung haben
können, dass die Möglichkeit besteht, dass die Menschheit
nicht überleben und das Worst-Case-Szenario der vollständigen Auslöschung eintreten könnte:

1. Zum einen lernen Menschen, dass alle Menschen Lebewesen sind, die früher oder später auf welche Art
   und Weise auch immer sterben müssen und getötet
   werden können. Menschen lernen, dass die Existenz
   aller Menschen früher oder später mit dem biologischen Tod endet. Dass Menschen die berechtigte
   Überzeugung haben, dass alle Menschen ohne Ausnahme früher oder später auf welche Art und Weise
   auch immer sterben müssen und getötet werden können, ist die eine Voraussetzung dafür, dass Menschen
   auch die berechtigte Überzeugung haben können,
   dass es möglich ist, dass im Worst Case die gesamte
   Tierart *Homo sapiens* ausgelöscht werden kann und
   damit die Möglichkeit besteht, dass die Menschheit
   nicht überlebt.

2. Zum anderen wissen Menschen, dass sie eine Tierart
   sind, die aussterben kann, da es evolutionsbiologisch

nicht die Ausnahme, sondern die Regel ist, dass Tierarten aussterben und im Lauf der Zeit von der Oberfläche der Erde wieder verschwinden. Menschen wissen, dass es Ereignisse gibt, die nicht nur dazu führen können, dass einzelne Exemplare einer Tierart getötet werden, sondern die dazu führen können, dass eine gesamte Tierart und damit möglicherweise auch die gesamte Tierart *Homo sapiens* ausgelöscht wird. Das bekannteste (aber nicht das verheerendste) Aussterbeereignis in diesem Zusammenhang ist wahrscheinlich das Aussterben der Dinosaurier am Ende der Kreidezeit vor ca. 66 Millionen Jahren. Die Kenntnis dieser Ereignisse ist die zweite Voraussetzung dafür, dass Menschen die berechtigte Überzeugung haben können, dass die Möglichkeit besteht, dass die Menschheit nicht überleben und die Geschichte der Menschheit enden könnte.

Im nächsten Kapitel werde ich nun versuchen zu bestimmen, welche Voraussetzungen vorliegen müssen, damit man zu einem beliebigen Zeitpunkt und für einen beliebigen Zeitpunkt in der Zukunft sagen kann, dass die Menschheit überlebt hat und die Geschichte der Menschheit noch nicht zu Ende ist, um mich im Anschluss daran auf die Suche nach Ereignissen auf der planetaren, der kosmischen und der kosmologischen Ebene zu machen, die dazu führen könnten, dass die Menschheit ausgelöscht wird, um dann durch die Analyse dieser Ereignisse die Voraussetzungen zu ermitteln, die auf jeden Fall und unter allen Umständen gegeben sein müssten, damit die Menschheit solche Ereignisse überleben könnte und damit man zu jedem beliebigen Zeitpunkt und für jeden beliebigen Zeitpunkt in der Zukunft sagen könnte, dass die Menschheit überlebt hat und die Geschichte der Menschheit noch nicht zu Ende ist.

# 4  Das Überleben der Menschheit

Im Anschluss an die oben vorgenommene Definition der Menschheit kann man nun definieren, dass die Menschheit dann überlebt bzw. überlebt hätte, wenn von einem bestimmten Zeitpunkt $T_n$ aus betrachtet, zu dem zumindest ein lebender Mensch als Exemplar der Tierart *Homo sapiens* existiert oder existiert hat, zu jedem beliebigen Zeitpunkt $T_x$ nach diesem bestimmten Zeitpunkt $T_n$ zumindest ein lebender Mensch als Exemplar der Tierart *Homo sapiens* existieren würde.

Umgekehrt: Würde zu einem beliebigen Zeitpunkt $T_x$ nach einem bestimmten Zeitpunkt $T_n$, zu dem zumindest ein lebender Mensch als Exemplar der Tierart *Homo sapiens* existiert oder existiert hat, kein lebender Mensch als Exemplar der Tierart *Homo sapiens* (mehr) existieren, dann hätte die Menschheit nicht überlebt. Und dann wäre auch, wie schon erwähnt, der Zeitraum endlich, den man betrachten müsste, um die eine gesamte Menschheit als die Gesamtheit aller Menschen, die jemals am Leben waren, zu erfassen, da es dann ab einem bestimmten Zeitpunkt keinen lebenden Menschen mehr geben würde. Dann wäre auch die Menge der Menschen, die die eine gesamte Menschheit bilden würden, eine endliche Menge von Menschen und diese Menge von Menschen, die die eine gesamte Menschheit bilden würden, wäre nur noch eine Menge aus schon toten Menschen. Da die eine gesamte Menschheit in diesem Fall nur noch aus toten Menschen bestehen würde, hätte in diesem Sinne die Menschheit nicht überlebt.

Damit ist auch sofort einzusehen, dass das Überleben der Menschheit von einem beliebigen Zeitpunkt $T_n$ aus betrachtet, zu dem zumindest ein lebender Mensch als Exemplar der Tierart *Homo sapiens* existiert oder existiert hat, eine nach diesem beliebigen Zeitpunkt $T_n$ unbegrenzte und nicht endende Zukunft erfordert.

Es muss nach jedem beliebigen Zeitpunkt $T_n$, zu dem zumindest ein lebender Mensch als Exemplar der Tierart *Homo sapiens* existiert oder existiert hat, noch unendlich viele andere beliebige Zeitpunkte $T_m$ geben. Oder, mit anderen Worten: Die Zeit darf nicht enden und die Zukunft muss unbegrenzt und unendlich sein, damit in dieser unendlichen und unbegrenzten Zukunft unendlich viele Menschen kontinuierlich nacheinander existieren können. (Dies würde auch gelten, wenn Menschen unsterblich wären: Auch die unsterblichen Menschen müssten kontinuierlich ewig existieren, damit die Menschheit überlebt. Deshalb darf auch für unsterbliche Menschen die Zeit nicht enden, da ja gerade eine unendliche Dauer der Zeit eine der Bedingungen der Möglichkeit der Unsterblichkeit ist.)

Denn würde von einem bestimmten Zeitpunkt $T_n$ aus betrachtet, zu dem zumindest ein lebender Mensch als Exemplar der Tierart *Homo sapiens* existiert oder existiert hat, die Zukunft (und damit die Zeit) nach diesem Zeitpunkt $T_n$ zu einem bestimmten Zeitpunkt $T_m$ enden, dann würde auch die Geschichte der Menschheit zu diesem Zeitpunkt $T_m$ unweigerlich zu Ende sein und die Menschheit hätte nicht überlebt, weil es ab diesem Zeitpunkt $T_m$ keinen lebenden Menschen als Exemplar der Tierart *Homo sapiens* mehr geben würde. Da Menschen in einem Universum leben, in dem Raum und Zeit eine Einheit bilden (weshalb man sich auch nicht zweimal an denselben Ort begeben kann) und (auch) Menschen diese Raumzeit verkörpern, muss es, damit die Menschheit überleben kann, eine ewige Raumzeit in der Form geben, dass darin die Existenz der Tierart *Homo sapiens* in Form einzelner Exemplare als Momente dieser Raumzeit zumindest theoretisch (insofern nicht das Worst-Case-Szenario der vollständigen Auslöschung eintritt) bis in alle Ewigkeit möglich ist.

Wenn man davon ausgeht, dass Menschen nicht unsterblich sind und nicht unsterblich werden, dann müsste, wie auch schon einmal erwähnt, die Menschheit, sollte sie überleben, aus einer unendlichen Menge von Menschen bestehen. Dies hat den Grund darin, dass Menschen nur über eine begrenzte Lebensdauer verfügen und somit mit ihrer begrenzten Existenz und ihrer begrenzten Lebensdauer die vorausgesetzt unendliche und unbegrenzte Raumzeit (von einem bestimmten Zeitpunkt $T_n$ aus betrachtet, zu dem zumindest ein lebender Mensch als Exemplar der Tierart *Homo sapiens* existiert oder existiert hat) stets mit mindestens einem Menschen als Exemplar der Tierart *Homo sapiens* kontinuierlich verkörpern müssten.

Wie kann aber nun das Überleben der Menschheit sichergestellt werden, wenn es, wie sich gezeigt hat, ohne Zweifel Ereignisse geben könnte, die das Worst-Case-Szenario der vollständigen Auslöschung bewirken und damit das Überleben der Menschheit gefährden könnten und die damit dazu führen könnten, dass es von einem Zeitpunkt $T_n$ aus betrachtet, zu dem zumindest ein lebender Mensch als Exemplar der Tierart *Homo sapiens* existiert oder existiert hat, in einer mehr oder weniger fernen Zukunft zu diesem Zeitpunkt $T_n$ einen Zeitpunkt $T_x$ geben könnte, zu dem kein lebender Mensch als Exemplar der Tierart *Homo sapiens* mehr existieren würde? Ganz einfach: Aus der Analyse solcher Ereignisse würden sich zuverlässig diejenigen Voraussetzungen ableiten lassen, die gegeben sein müssten, damit durch diese Ereignisse das Worst-Case-Szenario der vollständigen Auslöschung unter keinen Umständen eintreten könnte. Dabei sind (natürlich) nur solche Ereignisse von Interesse, die nach dem derzeitigen Stand der naturwissenschaftlichen Forschung eintreten könnten (aber nicht notwendigerweise eintreten müssen) und die ebenfalls nach dem derzeitigen Stand der naturwissenschaftlichen Forschung entweder als singuläres Ereignis oder in Kombination mit anderen Ereignissen das zerstörerische Potential haben könnten, das Worst-Case-Szenario der vollständigen Auslöschung zu bewirken.

Man muss also für die Suche nach den Voraussetzungen, die das Überleben der Menschheit auf jeden Fall und unter allen Umständen gewährleisten könnten, solche Ereignisse genauer betrachten, die

a) nach dem derzeitigen Stand der naturwissenschaftlichen und insbesondere der physikalischen Erkenntnisse eintreten könnten und die, wenn sie denn eintreten,

b) als einzelnes Ereignis oder in Kombination mit anderen Ereignissen das Worst-Case-Szenario der vollständigen Auslöschung bewirken könnten, um dann

c) anhand dieser Ereignisse die Voraussetzungen bestimmen zu können, die im Hinblick auf solche möglichen Ereignisse auf jeden Fall und unter allen Umständen das Überleben der Menschheit gewährleisten könnten.

In den folgenden drei Kapiteln werde ich mich nun auf die Suche nach solchen Ereignissen auf planetarer, auf kosmischer wie auch auf kosmologischer Ebene machen und, sollte ich solche Ereignisse finden, die Voraussetzungen erörtern, die gegeben sein müssten, damit die Menschheit trotz der katastrophalen Folgen aus diesen Ereignissen überleben könnte.

## 4.1   Die planetare Ebene

Sucht man nach Ereignissen, die auf der planetaren Ebene
das Worst-Case-Szenario der vollständigen Auslöschung
bewirken könnten, dann kommt man an einer Erörterung
des menschengemachten Klimawandels nicht vorbei. Ich
spreche hier natürlich aus Gründen der Eindeutigkeit vom
menschengemachten Klimawandel, da es ja auch den Klimawandel gibt, der permanent aufgrund unterschied-
lichster Ursachen, die nichts mit der Aktivität von Menschen zu tun haben, auf der Erde stattfindet. Der menschengemachte Klimawandel ist also der Klimawandel,
der dadurch verursacht wird, dass Menschen seit dem Beginn der industriellen Revolution enorme Mengen an
Treibhausgasen in die Atmosphäre verbracht haben, die
innerhalb einer erdgeschichtlich sehr kurzen Zeit eine
starke Erhöhung der Durchschnittstemperatur auf der Erde verursachen bzw. verursacht haben. Durch diesen
menschengemachten Klimawandel könnten nach den Mo-
dellen der Klimawissenschaftler und Klimawissenschaft-
lerinnen (je nach Modell) solche drastischen Veränderungen an und in den planetaren Ökosystemen eintreten, dass
die moderne industrielle und technische Zivilisation zu-
sammenbrechen könnte. So schreibt etwa Stefan Rahmstorf über eine Welt, in der die globale Durchschnittstemperatur 3 Grad höher ist als jetzt:

„Niemand kann genau sagen, wie diese Welt aussehen
würde – zu weit wäre sie außerhalb der Erfahrung der
Menschheitsgeschichte. Doch ziemlich sicher wäre diese Erde voller Schrecken für die Menschen, die sie erle-
ben müssten. Wetterchaos mit tödlichen Hitzewellen,
verheerenden Monsterstürmen und anhaltenden ver-
breiteten Dürren, die weltweite Hungerkrisen auslösen
könnten. Steigende Meeresspiegel, die unsere Küsten

verwüsten. Umkippende Ökosysteme, verheerendes Tierartensterben, brennende und verdorrende Wälder, versauerte Ozeane. Failed States, riesige Menschenzahlen auf der Flucht. […] Ich bin nicht sicher, ob das halbwegs zivilisierte Zusammenleben der Menschen, wie ich es kenne, noch Bestand haben wird. Ich persönlich halte eine 3-Grad-Welt für eine existenzielle Gefahr für die menschliche Zivilisation" (Rahmstorf 2022; S. 29f).

Mit anderen Worten: Der menschengemachte Klimawandel kann auch als ein Ereignis verstanden und interpretiert werden, das dazu in der Lage ist, das Worst-Case-Szenario der vollständigen Auslöschung zu bewirken.

Allerdings hat der menschengemachte Klimawandel nicht das Potential, tatsächlich das Worst-Case-Szenario der vollständigen Auslöschung bewirken zu können. Dieses mangelnde Potential des menschengemachten Klimawandels zur Auslöschung der gesamten Menschheit hat, jedenfalls meiner Ansicht nach, im Wesentlichen zwei Gründe:

1. Zum einen vermitteln Schilderungen der Folgen des menschengemachten Klimawandels in der Regel das Bild, dass die gesamte Erde durch diese Folgen des menschengemachten Klimawandels für menschliches Leben unbewohnbar werden könnte. Das obige Zitat von Stefan Rahmstorf ist der beste Beleg dafür. Das ist aber nicht der Fall. Der menschengemachte Klimawandel ist keine globale Katastrophe, sondern verursacht viele lokale Katastrophen. Der menschengemachte Klimawandel bewirkt damit keine globale Verwüstung (wie etwa der Einschlag eines großen Asteroiden), so dass auf der Erde menschliches Leben nicht mehr möglich wäre.

2. Zum anderen ist der menschengemachte Klimawandel eben menschengemacht. Das bedeutet, dass die Anreicherung der Erdatmosphäre mit Treibhausgasen durch den Menschen spätestens dann seinen Höhepunkt erreicht hätte, wenn durch die katastrophalen Folgen des menschengemachten Klimawandels so viele Menschen getötet worden wären, dass sich dadurch der durch den Menschen verursachte Ausstoß von Treibhausgasen drastisch reduzieren würde. Angenommen, durch die katastrophalen Folgen des menschengemachten Klimawandels wären im Jahre 2100 nur noch durchschnittlich 5% der derzeitigen Weltbevölkerung am Leben. Damit würden, nimmt man den derzeitigen Stand der Weltbevölkerung von etwa 8 Milliarden Menschen, noch durchschnittlich etwa 400 Millionen Menschen die Weltbevölkerung im Jahre 2100 bilden. Diese übriggebliebenen 400 Millionen Menschen entsprechen der durchschnittlichen Größe der Weltbevölkerung zu Beginn der Neuzeit, also der Weltbevölkerung vor etwa 500 Jahren. Niemand wird aber behaupten, dass die Menschheit im Jahre 1500 vor dem Aussterben stand, weil die Größe der Weltbevölkerung zur damaligen Zeit „nur" 400 Millionen Menschen betragen hat und diese 400 Millionen Menschen zudem auch noch keine moderne industrielle und technische Zivilisation entwickelt hatten. Diese verbliebenen 400 Millionen Menschen im Jahre 2100 würden aber, wie schon gesagt, nur noch einen Bruchteil der Treibhausgase für ihre Energieversorgung produzieren, die die heutige Weltbevölkerung produziert. Eine Anreicherung der Atmosphäre mit Treibhausgasen würde dann nicht mehr stattfinden und die Erderwärmung käme (wenn auch wahrscheinlich auf einem hohen Niveau)

über kurz, wahrscheinlich aber eher über lang zum Stillstand. Die Erde würde sich damit aber durch den menschengemachten Klimawandel unter keinen Umständen so weit aufheizen, dass menschliches Leben auf der Erde nicht mehr möglich wäre. Der menschengemachte Klimawandel würde damit durch sich selbst früher oder später zum Stillstand kommen, ohne dass die Menschheit dadurch aussterben würde oder aussterben müsste. Diese 400 Millionen Menschen (um auf das obige Beispiel zurückzukommen) würden dann (so ist zu vermuten) diejenigen Gebiete der Erde besiedeln, die trotz und vielleicht auch gerade wegen des menschengemachten Klimawandels noch oder wieder bewohnbar wären. Und diese 400 Millionen Menschen und damit auch die Menschheit würden auch deswegen unter keinen Umständen vom Aussterben bedroht sein, da diese Menschen auf die Überreste der technischen und industriellen Zivilisation zurückgreifen könnten, die durch die katastrophalen Folgen des menschengemachten Klimawandels, so ist anzunehmen, zusammengebrochen wäre.

In vielen Diskussionen über den menschengemachten Klimawandel ist man (das ist jedenfalls mein Eindruck) mit Prophezeiungen und Mutmaßungen über das Ende der Menschheit durch den menschengemachten Klimawandel sehr schnell bei der Hand. Solche Beschwörungen des Untergangs der Menschheit sollen offensichtlich in aller Deutlichkeit die Notwendigkeit vor Augen führen, dass der menschengemachte Klimawandel mit allen Mitteln verhindert werden muss. Man sollte sich jedoch, wenn man über das Ende der Menschheit durch den menschengemachten Klimawandel spricht, zwei Tatsachen immer vor Augen halten, die auch für alle anderen Ereignisse gelten, die das Worst-Case-Szenario der vollständigen Auslöschung auf der planetaren Ebene bewirken könnten:

1. Die biologische Evolution hat mit dem *Homo sapiens* eine Tierart hervorgebracht, die (verglichen mit anderen Tierarten) an die unterschiedlichsten Umweltbedingungen durch den Gebrauch von Techniken aller Art äußerst anpassungsfähig ist. Menschen können in den unterschiedlichsten Umwelten unter widrigsten Bedingungen überleben (und sogar im Weltraum). Deshalb haben sie auch innerhalb eines sehr kurzen evolutionären Zeitraums die gesamte Erde besiedelt (man könnte auch sagen: erobert). Menschen haben etwa auch unter den aus heutiger Sicht teilweise katastrophalen Umweltbedingungen der letzten Eiszeit in Europa ohne die Hilfsmittel der technischen und industriellen Zivilisation überlebt.

2. Die Tierart *Homo sapiens* besteht aus einer enorm großen Anzahl an Exemplaren, die über die gesamte Erde verteilt sind. Es müsste damit auf jeden Fall eine verheerende **globale** Katastrophe sein (was der menschengemachte Klimawandel nicht ist), durch die so viele Menschen getötet werden könnten (wozu das Potential des menschengemachten Klimawandels nicht ausreicht), damit eine weitere Fortpflanzung (auf welche Art und Weise auch immer) der verbliebenen Exemplare des *Homo sapiens* ausgeschlossen wäre oder durch die sogar alle Exemplare des *Homo sapiens* innerhalb kürzester Zeit getötet werden könnten, damit das Worst-Case-Szenario der vollständigen Auslöschung Wirklichkeit werden würde. Aber auch wenn nicht 95%, sondern sogar 99% der Weltbevölkerung von derzeit durchschnittlich 8 Milliarden Menschen durch eine globale Katastrophe ausgelöscht werden würden, dann blieben immer noch 80

Millionen (!) Menschen übrig, die durch ihre enorme Anpassungsfähigkeit an die unterschiedlichsten und widrigsten Umweltbedingungen ein Weiterbestehen des *Homo sapiens* sichern könnten.

Man kann damit die Maßnahmen, die ergriffen werden sollten, um den menschengemachten Klimawandel aufzuhalten, nicht damit begründen oder rechtfertigen, dass ansonsten die Menschheit nicht überleben würde. Der menschengemachte Klimawandel hat sicherlich das Potential, Millionen oder auch Milliarden Menschen zu töten. Und vielleicht gehören auch Sie als der Mensch, der gerade diese Zeilen liest und ich als der Mensch, der gerade diese Zeilen schreibt, zu diesen Millionen und Milliarden Menschen. Aber der menschengemachte Klimawandel hat eben nicht das Potenzial, das Worst-Case-Szenario der vollständigen Auslöschung zu bewirken.

Nun trifft man auf der planetaren Ebene neben dem menschengemachten Klimawandel aber auf Ereignisse, von denen man durchaus annehmen kann und von denen auch unbestritten angenommen wird, dass sie das Potential haben, das Worst-Case-Szenario der vollständigen Auslöschung zu bewirken, falls sie denn eintreten. Dies gilt etwa exemplarisch für eine **Pandemie** oder auch für die Entstehung einer **magmatischen Großprovinz** oder auch für den Ausbruch eines **Supervulkans**. Was ist unter solchen Ereignissen denn nun genau zu verstehen und in welcher Form könnten diese Ereignisse das Worst-Case-Szenario der vollständigen Auslöschung bewirken?

Unter einer **Pandemie** versteht man (falls das vielleicht schon wieder in Vergessenheit geraten ist) die weltweite Ausbreitung einer ansteckenden Krankheit über mehrere Länder oder Kontinente hinweg. Eine Pandemie entsteht, wenn eine Infektionskrankheit sich rapide verbreitet und eine beträchtliche Anzahl von Menschen infiziert. Im Allgemeinen betrifft eine Pandemie große Bevölkerungsgruppen und hat, wie zu beobachten war, schwerwiegende Auswirkungen auf die öffentliche Gesundheit, die Wirtschaft und die Gesellschaft als Ganzes.

Eine Pandemie kann, wie inzwischen jeder weiß, verschiedene Ursachen haben, darunter Viren, Bakterien oder andere pathogene Mikroorganismen. Pandemien können sich durch direkten Kontakt von Mensch zu Mensch, durch Tröpfcheninfektion oder durch den Kontakt mit kontaminierten Oberflächen verbreiten.

Eine Pandemie allein hat aber nicht das Potenzial, die gesamte Menschheit zu vernichten. Historisch gesehen haben Pandemien zwar beträchtliche Verluste an Menschenleben verursacht, aber die Menschheit hat sich im Laufe der Zeit immer wieder davon erholt. Dies bestätigt auch meine oben formulierte These, dass die Tierart *Homo sapiens* eine so enorm widerstandsfähige und auch anpassungsfähige Spezies ist, dass sie auch größere globale Katastrophen zwar nicht unbeschadet, aber dennoch ohne Zweifel überleben kann. Unbestritten kann eine besonders schwerwiegende Pandemie erhebliche Auswirkungen auf Gesellschaften, Wirtschaftssysteme und die globale Stabilität haben. Eine hochansteckende Krankheit mit einer hohen Sterblichkeitsrate, für die keine wirksame Behandlung oder Impfung vorhanden ist, kann zu massenhaften Todesfällen führen und eine große bzw. auch eine zu große Belastung für alle Gesundheitssysteme darstellen. Dies kann zu erheblichen sozioökonomischen Verwerfungen führen und sogar die gesamte Weltordnung destabilisieren. Aber das Potential, das Worst-Case-Szenario der vollständigen Auslöschung zu bewirken, hat eine Pandemie allein nicht.

Unter einer **magmatischen Großprovinz**, auch als magmatische Provinz bezeichnet, versteht man eine ausgedehnte geologische Region, die durch das massive Eindringen von magmatischem Material in die Erdkruste und in der Folge davon durch Jahrtausende andauernde Vulkanausbrüche entstanden ist oder entsteht. Diese Provinzen bestehen aus einer Vielzahl von Magmatiten, zu denen Intrusionen von Magma in die Erdkruste sowie große Mengen an vulkanischem Gestein gehören.

**Magmatite** sind magmatische Gesteine, die durch die Erstarrung von Magma entstehen. **Magma** ist, wie natürlich auch jeder weiß, eine geschmolzene Gesteinsmasse, die tief unter der Erdoberfläche entsteht und aus geschmolzenem Gestein, gasförmigen Bestandteilen und Mineralien besteht. Im Unterschied zu Magma ist **Lava** geschmolzener Fels, der aus dem Inneren der Erde austritt. Lava entsteht, wenn Magma an die Erdoberfläche gelangt. Lava tritt normalerweise während vulkanischer Eruptionen aus Vulkanen oder Spalten in der Erdkruste aus.

Eine **Intrusion** ist ein geologischer Prozess, bei dem geschmolzenes Gestein, eben das Magma, in die festen Gesteinsschichten der Erdkruste eindringt.

Magmatische Großprovinzen entstehen meist in Gebieten, in denen es zu verstärkter magmatischer Aktivität kommt, wie zum Beispiel an **Riftzonen, Subduktionszonen** oder **Hotspots**.

Eine **Riftzone** ist dabei eine lineare geologische Struktur, die sich in der Erdkruste bildet, wenn sich die lithosphärischen Platten auseinanderbewegen. Es handelt sich um einen Bereich erhöhter geologischer Aktivität, der durch vulkanische Aktivität, Erdbeben und die Bildung neuer ozeanischer Kruste gekennzeichnet ist.

Eine **lithosphärische Platte**, auch als tektonische Platte oder Erdplatte bezeichnet, ist ein großer fragmentierter Block der äußeren starren Schale der Erde, die als Lithosphäre bezeichnet wird. Die **Lithosphäre** umfasst die gesamte Erdkruste sowie einen Teil des oberen Erdmantels. Diese lithosphärischen Platten bewegen sich relativ zueinander.

Ein bekanntes Beispiel für eine Riftzone ist der Ostafrikanische Grabenbruch, der sich durch Ostafrika erstreckt und eine Verlängerung des Großen Afrikanischen Grabenbruchs darstellt. Hier findet eine aktive Riftbildung statt, und es sind zahlreiche Vulkane und Seen entstanden. Etwas plakativ könnte man sagen, dass Afrika an dieser Stelle gerade auseinanderbricht. Ein weiteres Beispiel ist der Mittelatlantische Rücken, der sich durch den Atlantischen Ozean erstreckt und durch dessen tektonischer Aktivität sich Nordamerika und Europa/Asien voneinander entfernen.

Eine **Subduktionszone** ist ein Bereich, an dem eine lithosphärische Platte unter eine andere Platte abtaucht und in den Erdmantel hinein subduziert wird. Subduktionszonen treten an konvergenten Plattenrändern auf, wo zwei lithosphärische Platten aufeinandertreffen und miteinander interagieren. Das wohl bekannteste Ergebnis der Subduktion zweier lithosphärischer Platten ist der Marianengraben im westlichen Pazifischen Ozean.

Denn der Marianengraben entstand durch die tektonische Aktivität an einer Subduktionszone, an der sich zwei tektonische Platten treffen. In diesem Fall handelt es sich um die Pazifische Platte, die unter die Philippinische Platte taucht.

Die Entstehung des Marianengrabens begann vor Millionen von Jahren, als sich die Pazifische Platte unter die Philippinische Platte schob. Dieser Vorgang wird eben als Subduktion bezeichnet. Während die Pazifische Platte unter die Philippinische Platte abtauchte, bildete sich eine tiefe Grube oder Rinne entlang der Subduktionszone. Diese Rinne ist der Marianengraben.

Der Marianengraben ist, nebenbei bemerkt, der tiefste Punkt der Erde und erstreckt sich über eine Länge von etwa 2.550 Kilometern. An seiner tiefsten Stelle, dem sogenannten "Challenger Deep", erreicht der Graben eine Tiefe von etwa 11.034 Metern. Dieser extreme Tiefenunterschied ist das Ergebnis der Kollision und Subduktion der tektonischen Platten.

Ein **Hotspot** ist eine geologische Region auf der Erdoberfläche, innerhalb der Magma aus dem Erdmantel aufsteigt und vulkanische Aktivitäten unabhängig von den Bewegungen der lithosphärischen Platten verursacht. Im Gegensatz zu den meisten Vulkanen, die an den Rändern von tektonischen Platten auftreten, befinden sich Hotspots in der Mitte einer lithosphärischen Platte.

Das wohl bekannteste Ergebnis eines Hotspots ist der Archipel von Hawaii im Pazifischen Ozean. Denn die Entstehung von Hawaii kann auf einen solchen Hotspot zurückgeführt werden. Im Fall von Hawaii liegt dieser Hotspot relativ stationär unter der Pazifischen Platte. Während sich die ozeanische Platte über den Hotspot bewegt, durchbricht das aufsteigende Magma die Erdkruste und führt zur Bildung von Vulkanen.

Da die ozeanische Platte kontinuierlich über den Hotspot wandert, entstanden nacheinander verschiedene Vulkane, die nun zusammen den Archipel von Hawaii bilden. Die ältesten Vulkane liegen am nordwestlichen Ende des Archipels, während die jüngsten im Südosten zu finden sind.

Die Vulkanausbrüche aufgrund des Hotspots führten zu Ablagerungen von Asche und vulkanischem Gestein, die allmählich zu Inseln wuchsen. Jeder Vulkan auf Hawaii hat im Wesentlichen eine eigene Insel geschaffen, und mit der Zeit bildete sich der gesamte Archipel von Hawaii.

Diese erhöhte Magmaaktivität in Riftzonen, Subduktionszonen oder Hotspots kann zur Bildung großer Magmakammern im Untergrund führen, aus denen das Magma in die Erdkruste aufsteigt. Die magmatischen Ereignisse, die durch diese großen Magmakammern an Riftzonen, Subduktionszonen und Hotspots dann bewirkt werden können und welche dann die magmatischen Großprovinzen formen, können über einen Zeitraum von mehreren Millionen Jahren stattfinden. Die dadurch ausgetretenen Laven und die intrudierten Magmen können enorme Ausdehnungen erreichen und große geografische Gebiete abdecken. Magmatische Großprovinzen sind damit riesige vulkanische Gebiete, in denen große Mengen an Lava und vulkanischen Gasen freigesetzt werden. Beispiele für magmatische Großprovinzen sind der Dekkan-Trapp in Indien, die Sibirische Trapp-Provinz in Russland und die Columbia River Basalt Group in Nordamerika.

Die Entstehung einer magmatischen Großprovinz geht mit massiven Vulkanausbrüchen, Lavaströmen und pyroklastischen Strömen einher.

Ein **pyroklastischer Strom** ist eine hochenergetische, dichte Mischung aus heißer Asche, vulkanischen Gasen und Gesteinsfragmenten, die während eines Vulkanausbruchs explosiv ausgestoßen werden. Pyroklastische Ströme sind extrem gefährlich und können sich mit hoher Geschwindigkeit den Hang eines Vulkans hinab bewegen, wodurch sie eine große Zerstörungskraft entfalten.

Pyroklastische Ströme entstehen, wenn bei einem Vulkanausbruch große Mengen an vulkanischer Asche, Gesteinsfragmenten und gasförmigen Materialien, wie zum Beispiel Wasserdampf und Kohlendioxid, in die Atmosphäre geschleudert werden. Diese Materialien fallen aufgrund ihrer Dichte zunächst zurück auf den Vulkanhang. Durch die Hitze und den Druck des Ausbruchs werden sie jedoch aufgewirbelt und bilden eine turbulente, dichte Wolke, die sich mit hoher Geschwindigkeit über den Hang des Vulkans talwärts bewegt.

Pyroklastische Ströme können Temperaturen von mehreren hundert Grad Celsius erreichen und bewegen sich oft mit Geschwindigkeiten von mehreren hundert Kilometern pro Stunde. Sie haben eine enorme Zerstörungskraft und können alles auf ihrem Weg zerstören. Die Hitze und die giftigen Gase eines pyroklastischen Stroms machen ihn zu einer der tödlichsten Gefahren bei Vulkanausbrüchen.

Während das Ausmaß und die Folgen der Entstehung einer magmatischen Großprovinz regional also beträchtlich sein können, wären die Auswirkungen auf die gesamte Menschheit doch begrenzt. Das Entstehen einer magmatischen Großprovinz allein hat damit nicht das Potenzial, die Menschheit zu vernichten. Nichtsdestotrotz können massive Vulkanausbrüche durch ihre Auswirkungen auf das Klima erhebliche globale Folgen haben. Große Mengen an vulkanischen Gasen und Asche, die wie bei der Entstehung einer magmatischen Großprovinz in die Atmosphäre freigesetzt werden, können die Sonneneinstrahlung blockieren und zu einer vorübergehenden Abkühlung des Klimas führen.

Es besteht derzeit auch die fast einhellige Meinung unter den Paläontologen, dass der Einschlag des sogenannten

**Chicxulub-Asteroiden**, der die Größe des Mount Everest hatte, in Verbindung mit der Entstehung der magmatischen Großprovinz des **Dekkan-Trapps** vor etwa 66 Millionen Jahren zum Aussterben der Dinosaurier geführt hat.

Der Chicxulub-Asteroid erhielt seinen Namen von dem Dorf Chicxulub Pueblo auf der Halbinsel Yucatán in Mexiko, unter dem sich ungefähr das Zentrum des Chicxulub-Kraters befindet.

Dieser Gesteinsbrocken aus dem Weltall, der für das Aussterben der Dinosaurier mitverantwortlich sein soll, wird zum einen manchmal als Chicxulub-Asteroid und zum anderen auch als Chicxulub-Meteorit bezeichnet. Beides meint aber im Prinzip den gleichen Sachverhalt. Dies wird klar, wenn man sich den Unterschied bzw. die Gemeinsamkeiten zwischen einem Asteroiden und einem Meteoriten ansieht. Da bei der Erörterung der Ereignisse, die auf der kosmischen Ebene das Worst-Case-Szenario der vollständigen Auslöschung bewirken könnten, diese beiden Begriffe wieder auftauchen, werde ich sie an dieser Stelle hier gleich noch etwas ausführlicher erläutern.

Unter einem **Asteroiden** versteht man kleine Himmelskörper, die sich hauptsächlich im Asteroidengürtel befinden, einer Region zwischen den Planeten Mars und Jupiter. Asteroiden sind Überreste aus der frühen Phase der Entstehung des Sonnensystems vor etwa 4,6 Milliarden Jahren. Sie bestehen hauptsächlich aus Gestein und Metall und können eine breite Palette von Größen haben, von wenigen Metern bis zu Hunderten von Kilometern im Durchmesser. Asteroiden bewegen sich in elliptischen oder annähernd kreisförmigen Umlaufbahnen um die Sonne. Obwohl sich die Mehrheit der Asteroiden im Asteroidengürtel befindet, gibt es auch solche, die in anderen Bereichen des Sonnensystems zu finden sind, einschließlich der sogenannten Near-Earth Asteroids (NEAs), die der Umlaufbahn der Erde nahekommen können. Einige Asteroiden haben dabei eine Umlaufbahn um die Sonne, die nahe genug an der Erde liegt, um als potenziell gefährlich eingestuft werden zu können, da der Einschlag eines größeren Asteroiden auf der Erde, wie schon gesagt, erhebliche (globale) Schäden verursachen kann.

Ein **Meteorit** ist ein Gesteinsfragment oder ein Festkörper aus einer Eisen-Nickel-Legierung, das oder der aus dem Weltraum stammt und die Erdoberfläche erreicht hat. Meteoriten sind Überreste von Asteroiden, Kometen oder anderen Himmelskörpern, die durch die Atmosphäre der Erde fliegen und den Hitzeeinflüssen und dem Druck während des Eintritts in die Erdatmosphäre ausgesetzt sind, aber nicht vollständig in der Erdatmosphäre verglühen. Ein Asteroid wird damit zum Meteoriten, wenn er groß genug ist, dass er, aus dem Weltraum kommend, bei seinem Flug durch die Erdatmosphäre nicht vollständig zerstört wird, sondern auf der Erdoberfläche einschlägt.

Vor etwa 66 Millionen Jahren schlug also ein Asteroid mit einem Durchmesser von etwa 10 Kilometern auf der Erde ein. Der Einschlag dieses Chicxulub-Asteroiden setzte gewaltige Energiemengen frei. Es wird angenommen, dass der Einschlag eine verheerende Feuerball-Explosion sowie massive Brände, Erdbeben und Tsunamis auslöste.

Der Einschlag dieses Chicxulub-Asteroiden hatte weitreichende globale Auswirkungen. Es wird angenommen, dass der Meteoriteneinschlag den Himmel mit Staub und Trümmern füllte, was zu einer erheblichen Abschwächung des Sonnenlichts führte. Dies wiederum hatte einen dramatischen Einfluss auf das Klima mit einem deutlichen Abkühlen der Temperaturen. Es wird weiterhin angenommen, dass dies zu einem massiven Verlust der pflanzlichen Biomasse und letztendlich zum Aussterben vieler Tierarten, einschließlich der Dinosaurier, führte.

Der **Dekkan-Trapp** wiederum, auch bekannt als Dekkan-Vulkanprovinz oder Dekkan-Trias-Vulkanprovinz, ist eine weitläufige vulkanische Region im Zentrum von Indien. Es handelt sich um eine der größten vulkanischen Provinzen der Welt, die sich über eine Fläche von etwa 500.000 Quadratkilometern erstreckt.

Der Dekkan-Trapp entstand vor etwa 60 bis 68 Millionen Jahren während des späten Känozoikums durch massive vulkanische Aktivität. Es wird angenommen, dass die Eruptionen über einen Zeitraum von mehreren hunderttausend Jahren stattfanden und eine enorme Menge an Lava freisetzten. Die Lava erstarrte zu Schichten vulkanischen Gesteins, die als Trapp bezeichnet werden.

Die Trapp-Gesteine des Dekkan-Trapps bestehen hauptsächlich aus Basalt, einem dunklen, vulkanischen Gestein. Die einzelnen Basaltflüsse des Trapps erstrecken sich über große Entfernungen und haben eine durchschnittliche Mächtigkeit von mehreren Hundert Metern.

Die Entstehung des Dekkan-Trapps hatte sowohl geologische als auch klimatische Auswirkungen. Geologisch gesehen hat er das Landschaftsbild des Dekkan-Plateaus geprägt und tiefe Schluchten und Täler geschaffen. Klimatisch gesehen könnten die ausgestoßenen Gase und die Freisetzung von Kohlendioxid zu (im geologischen Maßstab) kurzzeitigen, aber schwerwiegenden Klimaveränderungen geführt haben.

Aus diesem Grund wird die Entstehung des Dekkan-Trapps mit dem Aussterben der Dinosaurier am Ende der Kreidezeit in Verbindung gebracht. Es wird vermutet, dass die massive Freisetzung von Schwefeldioxid und anderen Gasen während der Eruptionen zu einem Klimawandel führte, der in Verbindung mit dem Einschlag des Chicxulub-Asteroiden zum Aussterben vieler Tierarten und eben auch der Dinosaurier beitrug.

Aber auch diese Ereignisse haben nicht dazu geführt, dass die Erde unbewohnbar wurde und Leben auf ihr nicht mehr möglich war, denn sonst wären offensichtlich Sie als der Mensch, der gerade diese Zeilen liest, und auch ich als der Mensch, der gerade diese Zeilen schreibt, nicht hier und es wären auch alle anderen Lebewesen mit uns nicht hier.

Unbestritten kann es durch die Entstehung einer magmatischen Großprovinz zu massiven Ernteausfällen, zu globaler Nahrungsmittelknappheit und zu gravierenden ökologischen Störungen kommen, was sicherlich auch den Tod von Millionen oder Milliarden Menschen bewirken kann. Aber es ist nicht sonderlich wahrscheinlich, dass durch das Entstehen einer magmatischen Großprovinz das Worst-Case-Szenario der vollständigen Auslöschung eintritt.

Unter einem **Supervulkan** versteht man hingegen einen Vulkan, der deutlich größer und explosiver ist als herkömmliche Vulkane. Ein Supervulkan hat das Potenzial, gewaltige Mengen an vulkanischer Asche, Gestein und Gas freizusetzen und kann damit wesentlich katastrophalere Auswirkungen auf die Umwelt und die menschliche Zivilisation haben als herkömmliche Vulkane.

Im Gegensatz zu konventionellen Vulkanen, die typischerweise kegelförmige Berge bilden, sind Supervulkane durch große, flache Calderen gekennzeichnet. Eine Caldera ist eine große, trichterförmige Vertiefung, die durch den Einsturz eines Vulkankraters entsteht, nachdem ein großer Vulkanausbruch oder eine explosive Eruption stattgefunden hat. Es handelt sich um eine spezielle Form eines Vulkankraters, der durch den Zusammenbruch des oberen Teils des Vulkans entsteht, anstatt durch den Aufbau von Vulkanmaterial. Eine Caldera kann verschiedene Durchmesser haben, von einigen Kilometern bis zu Dutzenden von Kilometern. Sie ist oft von steilen Wänden umgeben und kann mit Wasser gefüllt sein, das dann einen sogenannten Kratersee bildet. Eine Caldera kann aber auch trocken und mit Sedimenten oder vulkanischem Gestein gefüllt sein.

Beispiele für Supervulkan-Calderen sind das Yellowstone-Caldera-System in den USA, der Toba-See in Indonesien und die Campi Flegrei in Italien.

Die Eruption eines Supervulkans kann, wie schon gesagt, katastrophale Folgen haben. Es werden enorme Mengen an vulkanischer Asche, Gestein und Gas in die Atmosphäre freigesetzt, was weitreichende Auswirkungen auf das Klima haben kann. Die Aschewolken können sich über große Entfernungen ausbreiten und die Sonneneinstrahlung blockieren, was zu einer Abkühlung der Erdoberfläche und möglicherweise zu einer globalen Abkühlung führt. Der Ausbruch kann auch pyroklastische Ströme erzeugen, die mit hoher Geschwindigkeit vom Vulkan wegströmen und alles in ihrem Weg zerstören.

Aufgrund ihres enormen Zerstörungspotenzials werden Supervulkane als eine der größten natürlichen Bedrohungen für die Menschheit betrachtet. Glücklicherweise sind Supervulkan-Ausbrüche äußerst selten und treten nur alle hunderttausend oder sogar Millionen Jahre auf. Dennoch werden Supervulkane ständig überwacht und erforscht, um ein besseres Verständnis für ihre Entstehung, ihren Ausbruchsmechanismus und ihre potenziellen Auswirkungen zu gewinnen und um auch den bevorstehenden Ausbruch eines Supervulkans vorherzusagen.

So wäre etwa der Ausbruch eines Supervulkans wie der Ausbruch des Yellowstone in den USA oder der Ausbruch der Phlegräischen Felder in Italien zwar verheerend und eine globale Katastrophe, aber ob ein solcher Ausbruch das Worst-Case-Szenario der vollständigen Auslöschung bewirken könnte, ist doch sehr zweifelhaft. Man kann dies zwar nicht ausschließen, aber der Ausbruch eines Supervulkans bewirkt nicht notwendigerweise das Worst-Case-Szenario der vollständigen Auslöschung.

Betrachtet man die planetare Ebene, dann lassen sich dort zwar Ereignisse mit einem enormen Zerstörungspotential finden, die nach dem derzeitigen Stand der naturwissenschaftlichen Erkenntnisse auch mit einer mehr oder weniger großen Wahrscheinlichkeit in der näheren oder ferneren Zukunft eintreten könnten, die aber, falls sie denn eintreten würden, mit großer Wahrscheinlichkeit zumindest als einzelne Ereignisse nicht das Zerstörungspotential hätten, um das Worst-Case-Szenario der vollständigen Auslöschung bewirken zu können. Es lässt sich also auf der planetaren Ebene kein Ereignis finden, von dem man sagen könnte, dass es notwendig das Ende der Menschheit herbeiführen würde, weil es mit Notwendigkeit eintreten wird und weil es dann mit Notwendigkeit aufgrund seiner Zerstörungskraft das Worst-Case-Szenario der vollständigen Auslöschung bewirken würde.

Aber um dennoch zu erörtern, welche Voraussetzungen auch auf der planetaren Ebene gegeben sein müssten, damit die Menschen den Eintritt des Worst-Case-Szenarios der vollständigen Auslöschung verhindern könnten, will ich folgendes Szenario annehmen:

Durch ein Zusammentreffen unglücklicher Umstände (welche auch immer das sein mögen) brechen zwei von den vielleicht 20 Supervulkanen auf der Erde gleichzeitig aus und die Ausbrüche dieser Supervulkane haben zusammen ein solches Zerstörungspotential, dass sie das Worst-Case-Szenario der vollständigen Auslöschung bewirken können. Der Ausbruch dieser Supervulkane würde also das definitive Ende der Menschheit bedeuten, weil nach diesen Ausbrüchen über kurz oder lang zumindest menschliches Leben auf der Erde unmöglich sein würde. Die Frage, welche Maßnahmen die Menschen in diesem Fall vor dem Eintritt dieses Ereignisses hätten ergreifen müssen, um dieses Ereignis zu verhindern oder sich den im wahrsten Sinne des Wortes fatalen Konsequenzen dieses Ereignisses zu entziehen, kann nun relativ einfach beantwortet werden:

a) Die Menschen müssten vor den Ausbrüchen dieser Supervulkane ihre technischen Fähigkeiten und Möglichkeiten in einer Art und Weise entwickelt haben, dass es ihnen möglich gewesen wäre, die Ausbrüche dieser Supervulkane auf welche Art und Weise auch immer nicht nur vorherzusagen, sondern auch zu verhindern.

Würde dies nicht gelingen, dann bliebe aber noch eine andere Möglichkeit:

b) Die Menschen müssten vor den Ausbrüchen dieser Supervulkane solche technischen Fähigkeiten entwickelt und ihre technischen Möglichkeiten so erweitert und ausbaut haben, dass sie in diesem Fall des Ausbruchs der Supervulkane zumindest so viele Menschen von der Erde hätten evakuieren können, dass der Fortbestand der Menschheit trotz der Möglichkeit des Worst-Case-Szenarios der vollständigen Auslöschung gewährleistet gewesen wäre.

Auf die Frage, wie der Ausbruch eines oder mehrerer Supervulkane verhindert werden könnte, kann niemand eine Antwort geben. Auf dem gegenwärtigen Stand der Wissenschaft und Technik gibt es keine Möglichkeiten, um den Ausbruch eines Supervulkans verhindern oder kontrollieren zu können. Die Kontrolle oder Manipulation eines solchen gewaltigen und komplexen Systems ist derzeit jenseits aller wissenschaftlichen und technologischen Möglichkeiten von Menschen. Vielleicht wird das in einer fernen Zukunft einmal möglich sein. Momentan existieren jedoch nicht einmal Vorstellungen darüber, wie es möglich sein könnte, den Ausbruch eines Supervulkans zu verhindern.

Über die Evakuierung von Menschen von der Erde lässt sich jedoch schon etwas mehr sagen. Die Evakuierung von Menschen von der Erde ist derzeit zumindest dadurch vorstellbar, dass Menschen Raumschiffe bauen, mit denen sie so viele Menschen von der Erde evakuieren könnten, dass der Fortbestand der Menschheit gesichert wäre und in denen diese Menschen zumindest in der Nähe der Erde so lange überleben könnten, bis sich die Atmosphäre, die Lithosphäre und die Biosphäre der Erde von den Ausbrüchen dieser beiden Supervulkane so weit erholt hätten, dass Menschen die Erde wieder besiedeln könnten.

Es ginge für die Menschen auf den ersten Blick also nicht darum, die Erde mit ihren Raumschiffen für immer zu verlassen, sondern die Erde „nur" so lange zu verlassen, bis sich die Atmosphäre, die Lithosphäre und die Biosphäre der Erde wieder regeneriert hätten. Denn auch wenn das Worst-Case-Szenario der vollständigen Auslöschung durch die Ausbrüche der Supervulkane bewirkt werden kann, so würde damit ja nicht alles Leben auf der Erde ausgelöscht werden. Es würde aber sicherlich Millionen Jahre dauern, bis sich die Atmosphäre, die Lithosphäre und die Biosphäre der Erde so weit regeneriert hätten, dass wieder Menschen auf der Erde leben könnten.

Allerdings müssten für den Fall aller Fälle diese Raumschiffe, mit denen eine für das Überleben der Menschheit notwendige Anzahl von Menschen von der Erde evakuiert werden könnte, so gebaut sein, dass im Worst Case die Menschen in den Raumschiffen auch überleben könnten, wenn sich die Atmosphäre, die Biosphäre oder die Lithosphäre der Erde nicht mehr so weit erholen würden, dass wieder Menschen auf der Erde leben könnten. Deshalb müssten diese Raumschiffe mit einer Biosphäre ausgestattet sein, die es den Menschen in diesen Raumschiffen ermöglicht, **für immer** in diesen Raumschiffen zu überleben. Es müsste sich um sogenannte Generationenraumschiffe handeln.

Ein Generationenraumschiff ist ein hypothetisches Raumfahrzeugkonzept, das entworfen wurde, um den interstellaren Raum zu erkunden und auch menschliche Siedlungen auf fernen Planeten zu ermöglichen. Der Begriff "Generationenraumschiff" bezieht sich auf die Tatsache, dass solche Raumschiffe über mehrere Generationen hinweg betrieben werden müssten, da die Reisezeiten zu anderen Sonnensystemen sehr lang sind.

Die Idee hinter einem Generationenraumschiff basiert auf der Annahme, dass die technologischen Herausforderungen und die enormen Entfernungen im interstellaren Raum es schwierig oder unmöglich machen, eine einzelne Crew zu schicken, die die gesamte Reisezeit überleben könnte. Stattdessen würden auf einem Generationenraumschiff mehrere aufeinanderfolgende Generationen von Menschen geboren, leben und sterben, während sie das Raumschiff in Richtung ihres Ziels steuern.

Solche Raumschiffe wären riesig und müssten im Prinzip in sich geschlossene Ökosysteme sein, um die Funktion der lebenserhaltenden Systeme, die Nahrungsmittelproduktion, die Energieversorgung und andere Notwendigkeiten für die Besatzung zu gewährleisten. Die Herausforderungen bezüglich der Energieversorgung, der Lebenserhaltung und der Aufrechterhaltung der psychischen und physischen Gesundheit der Crew über mehrere Generationen hinweg wären enorm.

Im Zusammenhang mit dem Überleben der Menschheit bezieht sich das Konzept des Generationenraumschiffs aber nicht nur auf mögliche Reisen durch den interstellaren Raum zu anderen Sonnensystemen, sondern auf das Überleben der Menschheit selbst in diesen Raumschiffen. Und zwar, wie schon gesagt, für immer.

Dieses „für immer" gilt natürlich nicht nur deswegen, weil die Erde durch die Ausbrüche der Supervulkane für immer für Menschen unbewohnbar bleiben könnte, sondern auch deswegen, weil es möglich wäre, dass diese Menschen in ihren Raumschiffen möglicherweise auch keinen anderen bewohnbaren Planeten finden, auf dem sie leben könnten, falls sie sich mit ihren Raumschiffen auf eine interstellare Reise begeben würden bzw. dann begeben müssten, wenn die Erde im Worst Case tatsächlich nie wieder für Menschen bewohnbar sein würde.

Diese Raumschiffe für die Reise der Menschheit durch den interstellaren Raum müssten natürlich auch so konstruiert und gebaut sein, dass sie unter keinen Umständen durch ein Ereignis, das sich im interstellaren Raum ereignet bzw. ereignen könnte, zerstört werden könnten. Denn könnten sie zerstört werden, dann könnte auch im interstellaren

Raum das Worst-Case-Szenario der vollständigen Auslöschung eintreten und die Menschheit hätte doch nicht überlebt.

Dieser Befund lässt sich nun für alle Ereignisse, die auf der planetaren Ebene eintreten könnten und die zumindest auf der planetaren Ebene das Worst-Case-Szenario der vollständigen Auslöschung bewirken könnten, in folgender Weise verallgemeinern:

a) Die Menschen müssten vor dem Eintritt von Ereignissen, die das Worst-Case-Szenario der vollständigen Auslöschung bewirken könnten, ihre technischen Fähigkeiten und Möglichkeiten auf ein Niveau entwickelt haben, dass es ihnen ermöglicht, dieses Ereignis auf welche Art und Weise auch immer zu verhindern. Die Menschen müssten also auf welche Art und Weise auch immer dazu in der Lage sein, jeden Ausbruch eines Supervulkans oder die Entstehung einer magmatischen Großprovinz oder einer verheerenden Pandemie oder eines beliebigen anderen katastrophalen Ereignisses zu verhindern, um das Worst-Case-Szenario der vollständigen Auslöschung nicht Wirklichkeit werden zu lassen.

b) Die Menschen müssten vor dem Eintritt von Ereignissen, die das Worst-Case-Szenario der vollständigen Auslöschung bewirken könnten, ihre technischen Fähigkeiten und Möglichkeiten auf ein Niveau entwickelt haben, das es ihnen ermöglicht, zumindest so viele Menschen von der Erde zu evakuieren, dass der Fortbestand der Menschheit gewährleistet wäre. Nach dem derzeitigen Stand der Technik wäre dies nur in Raumschiffen möglich, die sich aber auf einem fast unerreichbar erscheinenden höheren technischen Niveau als die heutigen Raumschiffe befinden müssten, denn es müssten nicht nur Raumschiffe, sondern Generationenraumschiffe sein, in denen im Falle des Worst Case die Menschheit für immer überleben könnte.

Durch das Beispiel des Ausbruchs der zwei Supervulkane hat sich damit gezeigt, welche Voraussetzungen ganz prinzipiell gegeben sein müssten, damit die Menschheit zumindest auf der planetaren Ebene überleben könnte. Aber wie sieht es auf der nächsten, der kosmischen Ebene aus? Gelten dort die gleichen Voraussetzungen für das Überleben der Menschheit wie auf der planetaren Ebene? Dies hängt (natürlich) von den Ereignissen ab, die auf der kosmischen Ebene das Überleben der Menschheit gefährden könnten. Welche Ereignisse sind es also, die auf der kosmischen Ebene das Worst-Case-Szenario der vollständigen Auslöschung bewirken könnten?

## 4.2    Die kosmische Ebene

Welches Ereignis fällt sicherlich jedem Menschen zuerst ein, wenn er an ein Worst-Case-Szenario der vollständigen Auslöschung denkt, das durch ein kosmisches Ereignis bewirkt werden könnte? Ganz genau. Ein Asteroid, der auf der Erde einschlägt.

Die Erde kann (natürlich) unbestritten irgendwann und vielleicht auch erst in einer fernen Zukunft von einem Asteroiden getroffen werden, der ein Planetenkiller ist und der alles Leben auf der Erde auslöscht. Als einen „Planetenkiller" oder einen „Global Killer" will ich einen Asteroiden bezeichnen, der das Potential hat, durch seinen Einschlag auf der Erde das Worst-Case-Szenario der vollständigen Auslöschung zu bewirken. Es kann aber auch sein, dass die Erde in der Zukunft nie von einem solchen Planetenkiller getroffen wird, weil es ebenfalls unbestritten nichts weiter als ein Zufall wäre, wenn die im Vergleich zu den gigantischen Dimensionen des Weltalls winzige Erde tatsächlich von einem solchen noch viel winzigeren Asteroiden getroffen werden würde. Nota bene: Es geht nicht darum, dass die Erde in der Zukunft gar nicht mehr von einem Asteroiden getroffen wird. Ganz im Gegenteil. Es wird zweifellos und mit Sicherheit der Fall sein, dass die Erde irgendwann von einem Asteroiden getroffen wird, der erheblichen Schaden an und in der Lithosphäre, der Biosphäre und in der Atmosphäre der Erde anrichten wird, so dass Millionen oder gar Milliarden Menschen durch diesen Einschlag und durch die Folgen dieses Einschlags getötet werden (könnten). Es geht darum, dass die Erde von einem Asteroiden getroffen wird, der die Menschheit durch das Zerstörungspotential seines Einschlags vollständig auslöschen würde. Nach dem gegenwärtigen Stand der astronomischen Erkenntnisse lässt sich jedoch kein Asteroid von der Größe eines Planetenkillers identifizieren, von dem aufgrund himmelsmechanischer Berechnungen vorhergesagt werden könnte, dass er auf der Erde einschlagen wird.

Das ändert aber nichts an der Tatsache, dass im Unterschied zu den planetaren Ereignissen, denen als einzelne Ereignisse mit an Sicherheit grenzender Wahrscheinlichkeit das Zerstörungspotenzial fehlt, um das Worst-Case-Szenario der vollständigen Auslöschung bewirken zu können, ein einzelner Asteroideneinschlag auf der Erde sehr wohl das Zerstörungspotential haben kann, um das Ende der Menschheit herbeizuführen und alle Menschen durch seinen Einschlag zu töten.

Die Frage, welche Maßnahmen die Menschen vor dem Einschlag eines solchen Asteroiden hätten ergreifen müssen, um diesen Einschlag zu verhindern oder sich den tödlichen Folgen dieses Einschlags zu entziehen, kann nun ebenfalls relativ einfach beantwortet werden und die Antwort ist identisch mit der Antwort auf der planetaren Ebene:

a) Die Menschen müssten vor dem Einschlag eines solchen Asteroiden ihre technischen Fähigkeiten und Möglichkeiten in einer Weise entwickelt haben, dass sie dazu in der Lage wären, diesen Einschlag eines Planetenkillers auf der Erde auf welche Art und Weise auch immer zu verhindern.

Derzeit gibt es zwar viele theoretisch mögliche, aber keine praktisch durchführbaren Methoden, um einen Planetenkiller (der einen Durchmesser von wenigstens 30 Kilometern haben würde) auf seinem Weg zur Erde abzulenken und somit seinen Einschlag auf der Erde zu verhindern. Vielleicht wird dies in einer eher fernen Zukunft einmal möglich sein. Momentan jedoch ist die Ablenkung eines Planetenkillers auf seinem Weg zur Erde für Menschen nicht zu bewerkstelligen.

Würde es auch in einer ferneren Zukunft durch welche Methode und auf welche Art und Weise auch immer nicht gelingen, den Einschlag eines Planetenkillers auf der Erde zu verhindern, dann bliebe aber noch eine andere ebenfalls schon vorgestellte Möglichkeit:

b) Die Menschen müssten schon vor der Entdeckung eines Planetenkillers auf seinem Weg zur Erde ihre technischen Fähigkeiten und Möglichkeiten so weit entwickelt haben, dass sie, wenn sie einen Planetenkiller auf seinem Weg zur Erde entdecken würden und den Einschlag auf der Erde nicht verhindern könnten, dazu in der Lage wären, zumindest so viele Menschen von der Erde zu evakuieren, dass der Fortbestand der Menschheit trotz des Einschlags des Asteroiden gewährleistet wäre.

Dies ist, wie schon gesagt, derzeit nur dadurch vorstellbar, dass Menschen Raumschiffe als Generationenraumschiffe bauen, in denen diese evakuierten Menschen zumindest in der Nähe der Erde so lange überleben könnten, bis sich die Biosphäre, die Lithosphäre und die Atmosphäre der Erde vom Einschlag dieses Asteroiden soweit erholt hätten, dass die Menschen die Erde wieder besiedeln könnten.

Falls die Menschen aber den Worst Case berücksichtigen, der aus einem Asteroideneinschlag resultieren könnte, dann müssten die Menschen, wie auch schon gesagt, solche Generationenraumschiffe bauen, auf oder in denen sie als Menschen für immer überleben könnten, da es zum einen möglich wäre, dass die Erde als Folge dieses Asteroideneinschlags nie mehr für Menschen bewohnbar sein könnte und zum anderen die Menschen auf ihrer Reise durch den interstellaren Raum auch keinen anderen Planeten finden, auf dem sie leben könnten.

Ein solches Ereignis eines Asteroideneinschlags auf der Erde hätte, wie schon gesagt, eine mehr oder weniger zufällige Qualität. Denn es gibt kein Wissen darüber, ob die Erde in der Zukunft tatsächlich von einem Asteroiden getroffen werden könnte, der das Worst-Case-Szenario der vollständigen Auslöschung bewirken kann. Es könnte der Fall sein, dass die Menschheit durch den Einschlag eines Planetenkillers auf der Erde ausgelöscht wird. Es könnte aber auch nicht der Fall sein.

Es gibt aber auf der kosmischen Ebene ein Ereignis, das eine ganz andere Qualität besitzt, da das Eintreten dieses Ereignisses anhand der naturwissenschaftlichen und vor allen Dingen physikalischen Erkenntnisse vorausberechnet werden kann und damit nicht mehr oder weniger zufällig eintritt und das, wenn es denn eintritt, notwendigerweise das Worst-Case-Szenario der vollständigen Auslöschung bewirken würde. Dieses Ereignis wird unter den gegebenen physikalischen Gesetzmäßigkeiten notwendigerweise eintreten und es würde, wenn es eintritt, notwendigerweise das Ende der Menschheit bedeuten.

Dieses Ereignis wird durch die Sonne bewirkt werden. Denn die Sonne hat mit ihrer Energie nicht nur die Entstehung von Leben auf der Erde ermöglicht. Sie wird mit ihrer Energie auch alles Leben und damit auch alles menschliche Leben auf der Erde wieder vernichten. Das hat seinen Grund in der Art und Weise, wie in der Sonne Energie erzeugt wird.

Wie jeder weiß, beruht die Energieerzeugung in Sternen und damit auch in der Sonne auf der Kernfusion.

Die Kernfusion in Sternen, einschließlich der Sonne, beruht im Wesentlichen auf einem Prozess, der als pp-Kette bezeichnet wird und bei dem Wasserstoff zu Helium fusioniert wird. Dieser Prozess setzt enorme Mengen an Energie frei, die das Sternenlicht und die damit verbundene Wärmeenergie erzeugen.

Dabei sind die umgesetzten Energiemengen gewaltig (zumindest für irdische und menschliche Maßstäbe). Die Leuchtkraft der Sonne

„beträgt rund 385 Billionen Billionen Watt. Das bedeutet: Pro Sekunde geht der Sonne eine Energie von rund 385 Billionen Billionen Joule in Form von Licht verloren. Da die Fusion von einem Kilogramm Wasserstoff zu Helium 628 Billionen Joule an Energie liefert, müssen demnach pro Sekunde rund 600 Millionen Tonnen Wasserstoff die pp-Kette durchlaufen, um die Leuchtkraft der Sonne aufrechtzuerhalten. Dabei entstehen rund 595 Millionen Tonnen Helium. Der Rest von circa fünf Millionen Tonnen wird in elektromagnetische

Strahlung umgewandelt und von der Sonnenoberfläche abgestrahlt" (Lesch/Müller 2023; S. 134).

Dieser Prozess der Kernfusion und die damit im Laufe der Zeit verbundenen qualitativen und quantitativen Veränderungen im Innern der Sonne führen zu einem allmählichen Anstieg der Solarkonstante auf der Erde.

Die Solarkonstante ist die Menge an Sonnenenergie, die pro Flächeneinheit senkrecht zur Strahlungsrichtung der Sonne auf die obere Atmosphäre der Erde trifft. Sie wird in Watt pro Quadratmeter gemessen.

Untersuchungen von Sedimentgesteinen und Fossilien deuten darauf hin, dass die Solarkonstante vor etwa 4,5 Milliarden Jahren, zu Beginn des Sonnensystems, etwa 30 Prozent niedriger war als heute. Das bedeutet, dass die Sonne

„vor 4,5 Milliarden Jahren mit einer Leuchtkraft von $2{,}78 \times 10^{26}$ Watt und einem Radius von 659.000 Kilometern" (Lesch/Müller 2023; S. 142)

ihr Leben als Stern begonnen hat. Heute hat die Sonne

„eine Leuchtkraft von $3{,}9 \times 10^{26}$ Watt und ihr Radius ist auf 694.000 Kilometer angewachsen. Während dieser seit 4,5 Milliarden Jahren dauernden Phase des Wasserstoffbrennens ist demnach die Leuchtkraft der Sonne um 40 Prozent gestiegen und ihr Radius um 5 Prozent angewachsen. Bis zum Ende des Wasserstoffbrennens wird die Sonne sowohl an Leuchtkraft als auch an Größe nochmals erheblich zulegen" (Lesch/Müller 2023; S. 142).

Die genaue Rate jedoch, mit der die Solarkonstante ansteigt, ist Gegenstand der Forschung und der Diskussion. Die Schätzung von 1% Zunahme pro 100 Millionen Jahre ist eine gängige Annahme, aber es bestehen diesbezüglich noch Unsicherheiten, so dass weitere Untersuchungen notwendig sind, um das Ausmaß dieses Anstiegs präziser festzustellen. Keine Zweifel bestehen jedoch darüber, dass aufgrund der im Innern der Sonne ablaufenden Prozesse der Kernfusion die Solarkonstante allmählich ansteigt.

Die stetige Zunahme der Solarkonstante im Laufe der Erdgeschichte durch den Prozess der Kernfusion im Innern der Sonne hat dazu geführt und wird weiterhin dazu führen, dass die durchschnittliche globale Temperatur auf der Erde ansteigt. In etwa einer Milliarde Jahre wird die durchschnittliche globale Temperatur 30 Grad Celsius überschreiten und damit einen für das Leben auf der Erde kritischen Wert erreichen. In etwa 3 Milliarden Jahren wird die Durchschnittstemperatur auf der Erde 100 Grad Celsius betragen. Die Ozeane werden kochen (oder sind dann längst schon verkocht) und Leben in jeglicher Form wird auf der Erde unmöglich sein.

Die zunehmende Erwärmung der Erde durch die Kernfusion im Inneren der Sonne ist ein Ereignis, das aufgrund der gegebenen Randbedingungen und dem derzeitigen Stand der naturwissenschaftlichen Erkenntnisse, insbesondere der physikalischen Erkenntnisse und Gesetzmäßigkeiten mit Sicherheit eintreten wird und dieses Ereignis wird das Worst-Case-Szenario der vollständigen Auslöschung mit Sicherheit bewirken, da es die Erde zwangsläufig auf eine Temperatur aufheizen wird, bei der menschliches Leben auf der Erde nicht mehr möglich ist. Wäre die Menschheit nicht dazu in der Lage, dieses Ereignis auf welche Art und Weise auch immer zu verhindern oder sich diesem Ereignis auf welche Art und Weise auch immer zu entziehen, dann würde die Energie der Sonne die Menschheit spätestens zu diesem Zeitpunkt mit Sicherheit auslöschen.

Damit lassen sich auch in diesem Fall der tödlichen Erwärmung der Erde durch die Sonne die Voraussetzungen angeben, durch die Menschen dazu in der Lage wären, das Worst-Case-Szenario der vollständigen Auslöschung durch die tödliche Erwärmung der Erde durch die Sonne zu überleben. Es ist wenig überraschend, dass diese Voraussetzungen die gleichen sind, die auch schon auf der planetaren Ebene das Überleben der Menschheit sichern würden. Die beiden Voraussetzungen lauten:

1. Die Menschen müssten (lange) vor der tödlichen Erwärmung der Erde durch die Sonne ihre technischen Fähigkeiten und Möglichkeiten in einer Art und Weise entwickelt haben, dass es ihnen möglich wäre, diese tödliche Erwärmung der Erde durch die Sonne auf welche Art und Weise auch immer zu verhindern.

Über diese Möglichkeit, das Ende der Menschheit durch die tödliche Erwärmung der Erde durch die Sonne mit technischen Mitteln zu verhindern, kann man keine vernünftigen Aussagen treffen, da es momentan jenseits aller menschlicher Vorstellungskraft und jenseits aller menschlichen Möglichkeiten liegt, die Kernfusion innerhalb der Sonne auf welche Art und Weise auch immer so zu beeinflussen, dass es nicht zu dieser tödlichen Erwärmung der Erde durch die Sonne kommen würde.

Es bleibt aber wie bei der Möglichkeit des Einschlags eines Planetenkillers auf der Erde noch eine andere Möglichkeit:

2. Die Menschen müssten schon lange vor der tödlichen Erwärmung der Erde durch die Sonne ihre technischen Fähigkeiten und Möglichkeiten in einer Art und Weise entwickelt haben, dass dann, wenn die Erwärmung der Erde durch die Sonne menschliches Leben auf der Erde unmöglich machen würde, zumindest so viele Menschen von der Erde evakuiert wer-

den könnten, dass der Fortbestand der Menschheit trotz der Vernichtung allen Lebens auf der Erde durch die Sonne gewährleistet wäre.

Dies ist, um es noch einmal zu wiederholen, derzeit nur dadurch vorstellbar, dass Menschen Raumschiffe als Generationenraumschiffe bauen, in denen so viele Menschen die tödliche Erwärmung der Erde überleben könnten, dass der Fortbestand der Menschheit gesichert wäre.

Allerdings würde es bei dieser Evakuierung der Erde nicht darum gehen, dass die Menschen auf diesen Generationenraumschiffen zumindest in der Nähe der Erde so lange überleben könnten, bis sich die Biosphäre, die Lithosphäre und die Atmosphäre der Erde wieder soweit erholt hätten, dass die Menschen die Erde wieder besiedeln könnten. Die Vernichtung allen Lebens auf der Erde durch die Sonne wäre in diesem Fall endgültig und irreversibel. Denn die Sonne wird dann nicht wieder in einen Zustand zurückkehren, der die Erde nicht mehr so stark erwärmen würde, so dass dadurch auf der Erde wieder Leben und auch menschliches Leben möglich wäre. Ganz im Gegenteil. Es ist sogar möglich, dass die Sonne die Erde als Planet vollständig vernichten wird.

Denn die Sonne wird sich durch die Kernfusionsprozesse in ihrem Innern auch dann immer noch weiter aufblähen und an Strahlungsintensität zunehmen, wenn sie durch ihre Zunahme an Größe und Strahlungsintensität alles Leben auf der Erde bereits längst verbrannt und vernichtet hat. Sie wird sich dann am Ende ihres Lebens zu einem sogenannten Roten Riesen aufgebläht haben, der mit Sicherheit die beiden inneren Planeten Venus und Merkur und vielleicht auch die Erde verschlingen und damit vernichten wird.

„Die Frage, wie die Welt enden wird, war bei Dichtern und Denkern seit jeher Gegenstand von Spekulationen und Diskussionen. Dank der Wissenschaft kennen wir heute die Antwort: Die Welt wird in Feuer untergehen. In Feuer – definitiv. In etwa fünf Milliarden Jahren wird die Sonne zu einem sogenannten Roten Riesen anschwellen, den Merkur und vielleicht auch die Venus verschlingen und die Erde zu einem verkohlten, unbelebten, magmabedeckten Gesteinsbrocken machen. Auch der tote, schwelende Rest der Erde wird wahrscheinlich das Schicksal haben, in die äußeren Schichten der Sonne einzugehen und seine Atome in der aufgewühlten Atmosphäre des sterbenden Sterns zu verstreuen" (Mack 2021; S. 9f).

Es wird für die Menschen im Fall der Zunahme der Strahlungsintensität der Sonne keine Rückkehr auf eine Erde geben, auf der menschliches Leben wieder möglich sein könnte. Vielleicht überlebt die Erde als Planet ja die Aufblähung der Sonne zu einem Roten Riesen, aber es ist anzunehmen, dass es danach auf der Erde kein Wasser und keine Atmosphäre mehr gibt und auch nie wieder geben wird. Und das Leben auf der Erde wurde durch die Zunahme der Strahlungsintensität der Sonne schon längst vorher vernichtet.

Aus den bisher erörterten Ereignissen, die das Worst-Case-Szenario der vollständigen Auslöschung bewirken könnten, lässt sich nun eine wesentliche Schlussfolgerung ableiten:

Die Menschheit könnte Ereignisse, die das Worst-Case-Szenario der vollständigen Auslöschung bewirken könnten, stets dann überleben, wenn die Menschen dazu in der Lage wären, die Erde mit zumindest so vielen Menschen auf eine Art und Weise zu verlassen, dass der Fortbestand der Menschheit im schlimmsten Fall auch ohne die Erde gesichert wäre. Dies gilt sowohl für Ereignisse auf der planetaren Ebene wie auch für Ereignisse auf der kosmischen Ebene.

Würden auf der Erde wie in dem obigen Beispiel angenommen zwei Supervulkane gleichzeitig ausbrechen, weil die Menschen weder die technischen Fähigkeiten noch die technischen Möglichkeiten hätten, den Ausbruch von Supervulkanen zu verhindern und würde der Ausbruch dieser zwei Supervulkane das Worst-Case-Szenario der vollständigen Auslöschung bewirken, dann könnte die Menschheit überleben, wenn Menschen zumindest die Erde verlassen und für einen wahrscheinlich sehr langen Zeitraum außerhalb der Erde überleben könnten.

Würde ein Planetenkiller entdeckt werden, der die Erde treffen wird und die Menschen mit welchen Maßnahmen auch immer nicht verhindern könnten, dass dieser Planetenkiller die Erde trifft, dann könnte die Menschheit überleben, wenn Menschen zumindest die Erde verlassen und für einen wahrscheinlich sehr langen Zeitraum außerhalb der Erde überleben könnten.

Falls es den Menschen nicht gelingt, die Kernfusion im Innern der Sonne so zu beeinflussen, dass die Sonne durch die Zunahme ihrer Größe und ihrer Strahlungsintensität nicht alles Leben auf der Erde und die Erde als Planet vernichten wird, dann könnte die Menschheit überleben, wenn Menschen die Erde verlassen und für immer ohne die Erde im Universum überleben könnten.

Wenn die Menschen also einen Weg finden würden, die Erde zu verlassen und ohne die Erde zu überleben, dann könnten sie auch jedes Ereignis überleben, das das Worst-Case-Szenario der vollständigen Auslöschung auf der planetaren wie auch auf der kosmischen Ebene bewirken könnte.

Nun bin ich aber an dieser Stelle mit meiner Suche nach den Voraussetzungen, die das Überleben der Menschheit unter allen Umständen und auf jeden Fall gewährleisten könnten, noch nicht am Ende. Denn es fehlt noch die Betrachtung der kosmologischen Ebene. Also die Ebene des Universums selbst.

Das Universum ist der Begriff, den ich verwende, um den gesamten Raum, die Materie, die Energie und die physikalischen Gesetze zu beschreiben, die existieren. Das Universum umfasst alles, das existiert. Von den kleinsten subatomaren Partikeln bis hin zu den größten Galaxien und allen dazwischen liegenden Strukturen.

Wie würde sich das Überleben der Menschheit in Bezug auf das Universum selbst und damit auf der kosmologischen Ebene nun realisieren lassen?

## 4.3  Die kosmologische Ebene

Zur Beantwortung dieser Frage nehme ich an, dass die Menschen in einer fernen Zukunft die technischen Fähigkeiten und Möglichkeiten erworben haben, um Raumschiffe zu bauen, mit denen sie die Erde verlassen und mit denen sie für immer im Weltall überleben können. Um auf ein Ereignis vorbereitet zu sein, das das Worst-Case-Szenario der vollständigen Auslöschung bewirken könnte, haben die Menschen auch schon genügend von diesen Raumschiffen gebaut und auch festgelegt, anhand welcher Kriterien Menschen im Falle des Falles von der Erde mit diesen Raumschiffen evakuiert werden sollen.

Da die Menschen wissen, dass die Sonne durch die Zunahme ihrer Größe und der Intensität ihrer Strahlung zwangsläufig alles Leben auf der Erde vernichten wird, beschließen sie nun, die für die Evakuierung vorgesehenen Menschen lange vor der tödlichen Erwärmung der Erde durch die Sonne mit den von ihnen gebauten Raumschiffen auf die Reise in den interstellaren Raum zu schicken, um dort vielleicht eine neue Erde zu finden oder als Menschheit für immer in diesen Raumschiffen zu überleben. Der auf der Erde verbliebene Teil der Menschheit würde spätestens dann vernichtet werden, wenn die Sonne die Erde so weit aufgeheizt hätte, dass menschliches Leben auf ihr nicht mehr möglich wäre.

Wäre die Menschheit damit gerettet? Nein, davon ist nicht auszugehen. Denn das Universum, in dem sich die Raumschiffe der Menschheit mit den Menschen an Bord befinden, ist kein statisches Universum, sondern es ist dynamisch und verändert sich. Damit ist nicht nur gemeint, dass etwa Sterne wie die Sonne entstehen und wieder vergehen, dass sich Planeten bilden und wieder zerstört werden oder dass Galaxien sich zu Galaxienhaufen formen oder miteinander verschmelzen, so wie die Milchstraße in ferner Zukunft mit der Andromeda-Galaxie verschmelzen wird. Das Universum ist dynamisch, weil sich das Universum selbst in seiner Struktur und in seinem Aufbau verändert.

Das wohl bekannteste Beispiel für die Dynamik des Universums ist die Beobachtung, dass sich das Universum ausdehnt. Es gehört zu den gesicherten kosmologischen Erkenntnissen, dass das Universum expandiert. Jedenfalls der Teil des Universums, den die Menschheit beobachten kann. Die Beobachtung der Expansion des Universums wurde erstmals in den 1920er Jahren gemacht, als der Astronom Edwin Hubble entdeckte, dass sich Galaxien von uns als Beobachter des Universums entfernen. Hubbles

Beobachtungen führten zur Entwicklung der Theorie der kosmischen Expansion.

Die Expansion des Universums bedeutet, dass sich der Abstand zwischen den Galaxien im Laufe der Zeit vergrößert. Dies ist keine Bewegung im traditionellen Sinne, bei der sich die Objekte durch einen Raum bewegen. Vielmehr dehnt sich der Raum selbst aus, wodurch sich die Objekte weiter voneinander entfernen.

Eine Analogie, die oft verwendet wird, um diesen Vorgang zu veranschaulichen, ist die Vorstellung von Punkten auf der Oberfläche eines aufblasbaren Balls. Wenn der Ball aufgeblasen wird, dehnt sich die Oberfläche aus, und die Punkte bewegen sich voneinander weg, obwohl sie sich nicht aktiv bewegen.

Nun hat man aber nicht nur beobachtet, dass das Universum expandiert, sondern dass es sogar beschleunigt expandiert.

Basierend auf den aktuellen astronomischen, kosmologischen und astrophysikalischen Beobachtungen und Erkenntnissen glauben die meisten Kosmologen und Kosmologinnen, dass sich das Universum tatsächlich in einer beschleunigten Expansionsphase befindet.

Diese beschleunigte Expansion des Universums war überraschend, da man aufgrund der Gravitationswirkung der Materie im Universum erwartet hatte, dass die Expansion des Universums allmählich langsamer wird. Um diese beschleunigte Expansion des Universums zu erklären, wurde die Existenz von Dunkler Energie vorgeschlagen. Dunkle Energie ist eine hypothetische Form von Energie, die in der modernen Physik und Kosmologie postuliert wird.

Dunkle Energie ist jedoch keine konventionelle Energieform wie Licht oder kinetische Energie. Sie ist "dunkel", weil sie weder direkt beobachtet noch im Labor nachgewiesen werden kann. Es handelt sich um eine Art von Energie, die eine Eigenschaft des Raumes selbst sein könnte und eine negative Druckkomponente aufweist. Diese negative Druckkomponente würde eine abstoßende Gravitationswirkung erzeugen, die die Expansion des Universums beschleunigt.

Die Existenz und Eigenschaften der Dunklen Energie sind Gegenstand intensiver wissenschaftlicher Untersuchungen und Diskussionen, die allerdings bis jetzt zu keinen Erkenntnissen und Einsichten darüber geführt haben, was denn die Dunkle Energie sein könnte.

Die Entdeckung der beschleunigten Expansion des Universums hatte bedeutende Auswirkungen auf die Vorstellungen von Kosmologinnen und Kosmologen über die kosmische Entwicklung. Die Entdeckung der beschleunigten Expansion des Universums hat auch zur Vorstellung des **Wärmetodes** des Universums beigetragen, da die beschleunigte Expansion langfristig zu einem Zustand führen könnte, in dem das Universum immer leerer und kälter wird.

Der Wärmetod des Universums ist eine hypothetische Vorstellung über die Zukunft des Universums, die auf der Idee basiert, dass das Universum sich beschleunigt ausdehnt und abkühlt. Nach dieser Vorstellung wird sich das Universum irgendwann in einem Zustand maximaler Entropie befinden, in dem keine nutzbare Energie mehr vorhanden ist und alle Prozesse zum Stillstand gekommen sind. Dieser Zustand wird als "Wärmetod" bezeichnet.

Gemäß dem 2. Hauptsatz der Thermodynamik tendiert das Universum dazu (wenn man es als isoliertes System betrachtet), von einem Zustand geringerer Entropie zu einem Zustand höherer Entropie überzugehen. Dabei ist die

Entropie ein Maß für die Unordnung oder das Chaos in einem System. Der 2. Hauptsatz der Thermodynamik besagt, dass die Entropie eines isolierten Systems im Laufe der Zeit immer zunimmt oder konstant bleibt, jedoch niemals abnimmt. Der 2. Hauptsatz der Thermodynamik besagt damit im weitesten Sinne auch, dass natürliche Prozesse der Energieübertragung und Energieumwandlung im Universum stets dazu führen, dass die Entropie des Universums erhöht wird und damit die nutzbare Energie im Universum geringer wird so lange, bis sich das Universum im sogenannten thermodynamischen Gleichgewicht befindet und damit den Wärmetod gestorben wäre.

„Als Maß für die Unordnung oder Zufälligkeit verwendet man die Entropie: je zufälliger eine Materieverteilung, desto größer ihre **Entropie**. Wir können jetzt den 2. Hauptsatz der Thermodynamik wie folgt formulieren: Jede irreversible Energieübertragung oder Energieumwandlung erhöht die Entropie des Universums. Obwohl die Ordnung lokal zunehmen kann, gibt es einen unaufhaltsamen Trend zur zufälligen Anordnung der Materie des Universums insgesamt" (Campbell 2021; S. 111).

An der grundlegenden thermodynamischen Struktur von Lebewesen und Tieren lässt sich die fundamentale Gesetzmäßigkeit des 2. Hauptsatzes der Thermodynamik sehr gut verdeutlichen und auch zeigen, dass der Wärmetod des Universums für alle Lebewesen und Tiere in diesem Universum unweigerlich den Tod bedeuten würde.

Folgendes Zitat beschreibt das, was unter einem Lebewesen und damit auch unter einem Tier zu verstehen ist, kurz und prägnant:

„Lebewesen sind chemische, physikalische und informationsverarbeitende Maschinen. Sie stellen ihren eigenen Stoffwechsel her, mit dessen Hilfe sie sich am Leben erhalten, wachsen und reproduzieren. Diese lebenden Maschinen werden durch die Verarbeitung von Informationen koordiniert und integriert, mit dem Erfolg, dass Lebewesen als zweckmäßige Ganzheiten operieren" (Nurse 2021; S. 165).

Grundlegend für alle Lebewesen ist somit ein (eigener) Stoffwechsel, der die Bedingung dafür ist, dass diese Lebewesen auch am Leben bleiben. Lebewesen und Tiere benötigen einen Stoffwechsel, da sie „als zweckmäßige Ganzheiten operieren", also eine innere Ordnung und eine innere Struktur aufweisen, die sie durch ihren Stoffwechsel aufrechterhalten.

Was ist nun aber unter einem Stoffwechsel zu verstehen?

„Die Gesamtheit der ungeheuren Zahl von chemischen Reaktionen, die in einem lebenden Organismus stattfinden, bezeichnen wir als Stoffwechsel. Er ist die Grundlage aller Aktivitäten von Lebewesen – Erhaltung, Wachstum, Organisation und Reproduktion – und die Energiequelle dieser Prozesse. Stoffwechsel ist die Chemie des Lebens" (Nurse 2021; S. 82).

Oder, nochmals mit anderen Worten formuliert:

„Der **Stoffwechsel** oder **Metabolismus** (gr. *metabole*, Veränderung) ist die Gesamtheit der in einem Organismus ablaufenden (bio)chemischen Prozesse, die seinem Auf- und Umbau beziehungsweise dem Erhalt seiner Substanz, seiner Funktion und Energieversorgung dienen" (Campbell 2021; S. 110).

Diese innere Ordnung und diese innere Struktur von Lebewesen und Tieren als zweckmäßige Ganzheiten widerspricht aber scheinbar dem 2. Hauptsatz der Thermodynamik, da Lebewesen und Tiere ihre innere Ordnung und ihre innere Struktur offensichtlich gegen die Tendenz des

Universums zur zufälligen, ungeordneten und unstrukturierten Verteilung der Materie aufrechterhalten.

Damit sind Lebewesen und Tiere aus der Perspektive der Thermodynamik Materieansammlungen, die eine nicht zufällige Ordnung und Struktur aufweisen, wobei diese Ordnung und Struktur aber spontan (also von selbst) gemäß dem 2. Hauptsatz der Thermodynamik in einen Zustand der Unordnung übergehen würde, wenn Lebewesen **keine offenen** Systeme mit einem Stoffwechsel wären.

„Ein isoliertes System, näherungsweise zum Beispiel die Flüssigkeit in einer Thermosflasche, kann mit der Umgebung weder Materie noch Energie austauschen. Ein geschlossenes System kann zwar Energie, aber keine Materie mit seiner Umgebung austauschen. In einem offenen System können sowohl Materie als auch Energie mit der Umgebung ausgetauscht werden. Organismen sind folglich offene Systeme" (Campbell 2021; S. 111).

Lebewesen und Tiere als offene Systeme befinden sich gemäß dem 2. Hauptsatz der Thermodynamik in einem Zustand des Ungleichgewichts mit ihrer Umgebung, da sie zwar ständig durch ihren Stoffwechsel irreversible Energieumwandlungen durchführen und damit über kurz oder lang in ein thermodynamisches Gleichgewicht mit ihrer Umgebung geraten müssten, aber dennoch ihre Ordnung und ihre Struktur aufrechterhalten können. Dies erreichen Lebewesen und Tiere dadurch, dass sie als offene Systeme ständig Stoffe mit niedriger Entropie aus ihrer Umgebung aufnehmen (z.B. andere Tiere), die darin enthaltene Energie in Arbeit für die Erhaltung ihrer Struktur und Ordnung und in Wärme umwandeln und die dadurch entstehenden Abfallstoffe und die Wärme wieder an ihre Umgebung abgeben. Lebewesen und Tiere bleiben also am Leben, indem sie die (möglichen) Energiegefälle in ihrer Umwelt durch ihren Stoffwechsel verwerten (indem sie z.B. andere Tiere verdauen). Lebewesen und Tiere als offene Systeme können ihren Zustand niedriger Entropie aufrechterhalten, da sie durch ihren Stoffwechsel die Entropie ihrer Umgebung entsprechend erhöhen und damit nicht dem 2. Hauptsatz der Thermodynamik widersprechen.

„In einem isolierten System erreichen Reaktionen unweigerlich den Gleichgewichtszustand, in dem sie keine Arbeit mehr leisten können. Die chemischen Reaktionen des Stoffwechsels sind irreversibel und auch sie würden ihr Gleichgewicht erreichen, wenn sie isoliert in einem Reagenzglas abliefen. Da ein System im Gleichgewicht [...] keine Arbeit mehr leisten kann, ist eine Zelle, die sich im chemischen Gleichgewicht befindet, schlicht tot. Die Tatsache, dass sich der Stoffwechsel insgesamt niemals im Gleichgewicht befindet, ist *das* herausragende Merkmal des Lebens. Die lebende Zelle ist ein offenes System, welches aus biologischer Sicht niemals den Gleichgewichtszustand erreichen darf: Der andauernde Ein- und Ausstrom von Stoffen verhindert, dass die chemischen Reaktionen des Stoffwechsels jemals das Gleichgewicht erreichen, und so verrichtet die Zelle während ihres gesamten Lebens Arbeit. Solange unsere Zellen über eine anhaltende Versorgung mit Glucose, anderen Brennstoffen und Sauerstoff verfügen und Abfallprodukte ausscheiden können, erreichen die chemischen Reaktionen des Stoffwechsels nie das Gleichgewicht und halten die Lebensprozesse so fortwährend in Gang" (Campbell 2021; S. 114).

Lebewesen und damit auch Tiere sind entropieerzeugende Maschinen. Leben in Form von Lebewesen und auch von Tieren scheint es im Universum deshalb zu geben, weil Lebewesen und Tiere höchst effiziente Maschinen sind, um einen Entropieüberschuss zu erzeugen und die Gesamtentropie des Universums damit zu erhöhen. Es ist zu vermuten, dass aus diesem Grund stets dann, wenn irgendwo im Universum auch nur die geringste Möglichkeit besteht, dass Leben entstehen kann, auch Leben entstehen wird.

Lebewesen und Tiere benötigen somit in ihrer Umwelt stets Energiegefälle, die sie für ihren Stoffwechsel nutzen können, um am Leben zu bleiben und als „zweckmäßige Ganzheiten" operieren zu können. Wenn das Universum nun aber (beschleunigt) expandiert und abkühlt, nimmt die Entropie des Universums kontinuierlich zu und die für Lebewesen und Tiere nutzbaren Energiegefälle immer mehr ab, da sich alle Strukturen im Universum im Laufe der Zeit auflösen und verschwinden und damit auch die nutzbare Energie, die in diesen Strukturen gespeichert ist, immer geringer wird.

> „Ob das Universum als isoliertes System gelten kann oder nicht, darüber kann man streiten, aber wenn man es als solches betrachtet, kommt man zu der Schlussfolgerung, dass die Zukunft des Kosmos unvermeidlich von einer Zunahme von Unordnung und Zerfall bestimmt sein wird. Die Gesetzmäßigkeit, die der zweite Hauptsatz der Thermodynamik formuliert, gilt als so unausweichlich und fundamental, dass sie sogar für das Vergehen der Zeit verantwortlich gemacht wird" (Mack 2021; S. 110f).

Auch wenn die Menschen mit ihren Raumschiffen allen Ereignissen aus dem Weg gehen könnten, die auf der kosmischen Ebene das Worst-Case-Szenario der vollständigen Auslöschung bewirken könnten, so würden sie doch in diesem Fall dem Wärmetod des Universums nicht aus dem Weg gehen können. Und wäre die Zukunft des Universums der Wärmetod, dann hätte dies, wie man schon ahnen kann, doch recht unangenehme Konsequenzen für die Menschen in ihren Raumschiffen.

Der Wärmetod des Universums hätte deshalb recht unangenehme Konsequenzen für die Menschen in ihren Raumschiffen, weil sie eben trotz ihrer dann hochentwickelten Wissenschaft und Technologie immer noch Lebewesen und Tiere wären. Sie müssten innerhalb ihrer Raumschiffe für sich als Lebewesen und als Tiere stets eine Biosphäre erzeugen und aufrechterhalten, in der sie leben und überleben könnten. Um diese Biosphäre zu erzeugen und aufrechtzuerhalten, müssten sie notwendigerweise auch die Struktur und die Funktion ihrer Raumschiffe aufrechterhalten. Dazu würden sie aber, so ist zu vermuten, jede Menge Energie und damit auch ein Universum benötigen, das für sie nutzbare Energiegefälle in ausreichender Menge bereithält.

Es lässt sich jedoch aus den grundlegenden Gesetzmäßigkeiten der Thermodynamik ableiten, dass, wie schon gesagt, in einem Universum im Zustand des Wärmetodes keine nutzbare Energie mehr vorhanden wäre, weil es keine Energiegefälle mehr gibt. Würde das Universum also den Wärmetod sterben und den Zustand maximaler Entropie einnehmen, dann gäbe es spätestens zu diesem Zeitpunkt für die Menschen in ihren Raumschiffen keine Energie mehr, die sie nutzen könnten. Die verfügbare Energie wäre auf ein Minimum reduziert, und es wäre keine Umwandlung in nutzbare Formen wie Arbeit oder Bewegung mehr möglich.

„Energiegefälle sind die Grundlage des Lebens. Aber auch aller anderen Strukturen oder Maschinen, die irgendeine Art von Arbeit verrichten. In einem Universum, das nur ein einziges gigantisches (sehr kaltes) Wärmebad ist, kann es aber keine Energiegefälle geben. Wärme ist nutzlos. Wärme ist Tod" (Mack 2021; S. 118).

In einem Universum, das den Wärmetod gestorben ist, gäbe es für die Menschen also keine Energie mehr, um die Struktur und die Funktion ihrer Raumschiffe, die Biosphäre innerhalb ihrer Raumschiffe und damit auch ihre Struktur und Funktion als Lebewesen und als Tiere aufrechterhalten zu können. Stirbt das Universum den Wärmetod, dann würde dieses Ereignis notwendigerweise das Worst-Case-Szenario der vollständigen Auslöschung bewirken und das notwendige Ende der Menschheit bedeuten.

Man kann nun aber aus der Möglichkeit, dass das Universum als Schlussfolgerung aus den derzeitigen astrophysikalischen und kosmologischen Erkenntnissen den Wärmetod sterben könnte, wiederum die Schlussfolgerung ziehen, dass es möglich wäre, dass das Universum aufgrund seiner Dynamik und Entwicklung prinzipiell immer einen Zustand erreichen könnte, der Leben und dann auch menschliches Leben im gesamten Universum unmöglich machen würde. Als Alternative zur Möglichkeit des Wärmetodes, den das Universum realisieren könnte, werden unter anderem noch die Möglichkeiten des „Big Rip", des „Big Crunch" oder auch die Möglichkeit des Vakuumzerfalls diskutiert. Ich werde auf diese einzelnen Möglichkeiten der Entwicklung des Universums nicht näher eingehen, da hier nur folgende Schlussfolgerung aus diesen möglichen Entwicklungen des Universums entscheidend ist: Alle diese möglichen Entwicklungen des Universums würden dazu führen, dass Leben und damit auch menschliches Leben im Universum nicht mehr möglich wäre und durch diese Entwicklungen notwendigerweise das Worst-Case-Szenario der vollständigen Auslöschung eintreten würde. Was sagt die Kosmologin und Astrophysikerin dazu?

„Ich habe in der aktuellen kosmologischen Literatur keine seriöse These gefunden, dass das Universum unverändert für immer fortbestehen könnte. Nach übereinstimmender Meinung aller Kosmologen wird es zumindest einen Übergang geben, der *alles* zerstört und wenigstens die beobachtbaren Teile des Kosmos für organisierte Strukturen unbewohnbar macht" (Mack 2021; S. 22).

Damit kann man nun die erste von zwei Bedingungen formulieren, die unter allen Umständen und auf jeden Fall das Überleben der Menschheit auf der kosmologischen Ebene garantieren könnten:

a) Die Menschen müssten, bevor das Universum, in dem sie sich gerade befinden, sich absehbar zu einem Zustand hin entwickeln würde, der Leben und damit menschliches Leben in diesem Universum unmöglich machen würde, ihre technischen und naturwissenschaftlichen Fähigkeiten so weit entwickelt haben, dass es ihnen möglich wäre, die Entwicklung dieses Universums zu diesem Zustand hin auf welche Art und Weise auch immer zu verhindern. Mit anderen Worten: Die Menschen müssten dazu in der Lage sein, die Entwicklung dieses Universums und damit dieses Universum selbst so zu kontrollieren, dass sie unter allen Umständen und auf jeden Fall verhindern könnten, dass dieses Universum einen Zustand erreicht, der notwendigerweise das Worst-Case-Szenario der vollständigen Auslöschung bewirken würde.

Falls es nun den Menschen niemals gelingt, weder dieses noch irgendein anderes Universum zu kontrollieren, so ergibt sich noch eine weitere Möglichkeit, die das Überleben der Menschheit auf der kosmologischen Ebene unter allen Umständen und auf jeden Fall garantieren könnte:

b) Die Menschen müssten, bevor das Universum, in dem sie sich gerade befinden, sich absehbar zu einem Zustand hin entwickeln würde, der Leben und damit auch menschliches Leben in diesem Universum unmöglich machen würde, ihre technischen und naturwissenschaftlichen Fähigkeiten so weit entwickelt haben, dass sie dann zumindest so viele Menschen auf welche Art und Weise auch immer aus diesem Universum in ein anderes Universum evakuieren könnten, das so beschaffen sein müsste, dass Leben und damit auch menschliches Leben zumindest eine gewisse Zeit in ihm möglich wäre, damit der Fortbestand der Menschheit trotz der Unmöglichkeit allen Lebens in dem Universum, aus dem die Menschen geflüchtet sind, gewährleistet wäre.

Damit in diesem Fall b) das Überleben der Menschheit möglich wäre, müsste es neben dem Universum, in dem die Menschen sich jeweils befinden, natürlich noch notwendigerweise unendlich viele andere Universen in Form von Paralleluniversen geben, die alle so beschaffen sein müssten, dass Menschen mit (oder ohne) ihren Raumschiffen darin (zumindest für eine gewisse Zeit) überleben könnten.

Der Begriff „Paralleluniversum" bezieht sich dabei auf die Idee, dass es neben (und nicht außerhalb) dem Universum, das den Menschen bekannt ist, noch weitere Universen gibt, die unabhängig voneinander existieren. In einem Paralleluniversum könnten die physikalischen Gesetze, die Naturkonstanten oder die Anfangsbedingungen unterschiedlich sein und somit zu einer völlig anderen Realität führen.

Die Idee von Paralleluniversen ist Teil einiger wissenschaftlicher Theorien, die im Rahmen der Quantenphysik, der Elementarteilchenphysik, der Astrophysik und der Kosmologie diskutiert werden. Diese Theorien haben im Zuge ihrer Entwicklung auch verschiedene Modelle der Realität und des Universums hervorgebracht und entworfen, nach denen Paralleluniversen vorhanden sein könnten.

Paralleluniversen sind derzeit nur spekulative Konzepte und es liegen bisher keine direkten Beweise für ihre Existenz vor. Da sie jedoch aus bestimmten physikalischen Theorien abgeleitet werden, beschäftigen sich viele Wissenschaftlerinnen und Wissenschaftler weiterhin mit diesem Thema und versuchen, experimentelle Methoden zu entwickeln, um die Existenz von Paralleluniversen nachzuweisen oder zu widerlegen.

Und warum müsste es theoretisch unendlich viele von diesen Paralleluniversen geben, damit auf jeden Fall und unter allen Umständen das Worst-Case-Szenario der vollständigen Auslöschung nicht eintritt? Das hat den einfachen Grund darin, dass es ja der Fall sein könnte, dass die Menschen von diesem Universum in ein anderes Universum wechseln, das die gleiche Beschaffenheit wie dieses Universum aufweist und in dem sie leben könnten, aber dadurch, dass es die gleiche Beschaffenheit wie dieses Universum aufweist, auch ein dynamisches Universum ist und durch seine Entwicklung dann ebenfalls einen Zustand erreichen könnte, der Leben und damit menschliches Leben in ihm unmöglich machen würde. Wenn nun die Menschen nicht dazu in der Lage wären, dieses Universum zu kontrollieren, in das sie geflüchtet sind und sich dieses Universum, in das sie geflüchtet sind, wiederum absehbar zu einem Zustand hin entwickeln würde, der Leben und damit auch menschliches Leben in ihm unmöglich machen würde, dann müssten die Menschen zwangsläufig wiederum in ein Universum wechseln (können), das die gleiche Beschaffenheit wie das Universum aufweist, in dem sie leben konnten, bevor es in einen Zustand überging, der Leben und dann auch menschliches Leben in ihm unmöglich gemacht hat. Und wenn die Menschen niemals dazu in der Lage wären, irgend ein Universum, in dem sie sich gerade befinden, zu kontrollieren und sich möglicherweise jedes Universum, in das sich die Menschen geflüchtet haben und in dem sie sich gerade befinden, sich aufgrund seiner Beschaffenheit zu einem Zustand hin entwickeln könnte, der Leben und damit auch menschliches Leben in ihm unmöglich machen würde, dann muss es notwendigerweise unendlich viele Universen geben, die zunächst durch ihre Beschaffenheit das Überleben der Menschheit ermöglichen könnten und in die sich die Menschen dann flüchten könnten, wenn das Universum, in dem sich die Menschen gerade befinden, sich absehbar zu einem Zustand hin entwickeln würde, der Leben und damit auch menschliches Leben in ihm unmöglich machen würde. Wenn die Zukunft für die Menschheit, soll sie überleben, unendlich sein muss, aber jedes Universum, das es gibt, für Menschen nur eine endliche Zeit bewohnbar wäre, dann muss es unendlich viele Universen geben, die für Menschen bewohnbar wären, da sich Menschen dann unendlich oft aus einem Universum, das für sie nicht mehr bewohnbar wäre, in ein Universum flüchten müssten, das für sie noch bewohnbar ist.

Damit kann man nun zusammenfassend und abschließend auf der Grundlage der derzeitigen naturwissenschaftlichen Erkenntnisse über die Erde, den Kosmos und das Universum selbst die Bedingungen formulieren, die auf jeden Fall und unter allen Umständen garantieren könnten, dass das Worst-Case-Szenario der vollständigen Auslöschung nicht eintreten und die Menschheit überleben würde. Ich werde diese Bedingungen im Folgenden **„die ultimativen Bedingungen für das Überleben der Menschheit"** nennen:

1. Menschen müssten dazu in der Lage sein, das Universum, in dem sie sich gerade befinden, so zu kontrollieren, dass sich dieses Universum nicht zu einem Zustand hin entwickelt, der Leben und damit auch menschliches Leben in ihm unmöglich machen würde.

2. Falls Menschen nicht dazu in der Lage wären, das Universum, in dem sie sich gerade befinden, so zu kontrollieren, dass es sich zu keinem Zustand hin entwickelt, der Leben und damit auch menschliches Leben in ihm unmöglich machen würde, dann müssten die Menschen, falls es absehbar ist, dass sich dieses Universum zu einem Zustand hin entwickelt, der Leben und damit auch menschliches Leben in ihm unmöglich machen würde, dazu in der Lage sein, zumindest so viele Menschen in ein anderes Universum auf welche Art und Weise auch immer zu evakuieren, so dass das Worst-Case-Szenario der vollständigen Auslöschung zumindest für diese evakuierten Menschen nicht eintreten und die Menschheit dadurch überleben würde.

3. Dieses Universum, in das Menschen flüchten würden, so dass zumindest für diese geflüchteten Menschen das Worst-Case-Szenario der vollständigen Auslöschung nicht eintreten würde, müsste natürlich so beschaffen sein, dass menschliches Leben in ihm

möglich wäre und von einem solchen Universum, das so beschaffen ist, dass menschliches Leben in ihm möglich wäre, müsste es unendlich viele geben, da es sein könnte, dass Menschen immer wieder aus dem Universum evakuiert werden bzw. flüchten müssten, in dem sie sich gerade befinden, da jedes dieser Universen möglicherweise dynamisch ist und damit einen Zustand einnehmen könnte, der Leben und damit auch menschliches Leben in ihm unmöglich machen würde. Eine solche Evakuierung müsste zu jedem Zeitpunkt in einer unendlichen Zukunft unendlich oft möglich sein, damit das Worst-Case-Szenario der vollständigen Auslöschung niemals eintreten und die Geschichte der Menschheit niemals enden würde.

Bin ich nun mit meinen Überlegungen am Ende? Nein, natürlich nicht. Denn ich habe die bisherigen Überlegungen immer unter der Prämisse geführt, dass Menschen sterblich sind und früher oder später ihren biologischen Tod auf welche Art und Weise auch immer erleiden müssen. Wie wäre es aber, wenn Menschen tatsächlich unsterblich werden könnten oder tatsächlich unsterblich wären? Was würde es für das Überleben der Menschheit bedeuten, wenn Menschen tatsächlich unsterblich wären? Im nächsten Kapitel will ich versuchen, auf diese Fragen eine Antwort zu geben.

# 5 Die Unsterblichkeit von Menschen

Es erscheint mir an dieser Stelle sinnvoll zu sein, die ganz oben von mir in der Einleitung schon einmal eingeführten verschiedenen möglichen Formen der Unsterblichkeit von Menschen noch einmal in aller Kürze zu wiederholen:

Als die Vorstellung einer **transzendenten** Unsterblichkeit habe ich die Vorstellung bezeichnet, ein Mensch könnte in einer wie auch immer gearteten immateriellen Form über seinen biologischen Tod hinaus weiterleben. Im Rahmen der Vorstellung einer transzendenten Unsterblichkeit stirbt zwar der Körper eines Menschen, aber seine Seele, sein Geist, sein Bewusstsein oder sein Ich existieren über den Tod hinaus praktisch für ewig. Diese transzendente Unsterblichkeit ist, wie schon gesagt, für das Überleben der Menschheit nicht von Bedeutung, denn die transzendente Unsterblichkeit ist eine bloß vorgestellte Unsterblichkeit von Menschen, die schon gestorben und tot sind.

Für das Überleben der Menschheit ist allein diejenige Unsterblichkeit von Menschen von Bedeutung, die ich als die innerweltliche Unsterblichkeit bezeichnet habe. Als die Vorstellung einer **innerweltlichen** Unsterblichkeit habe ich zum einen die Vorstellung bezeichnet, Menschen könnten die **biologische** Unsterblichkeit realisieren, d.h. den Alterungsprozess ihres Körpers aufhalten und eine unbegrenzte Regenerationsfähigkeit ihres Körpers erreichen. Zum anderen verstehe ich unter der innerweltlichen Unsterblichkeit eine, wie ich sie genannt habe, **maschinelle** Unsterblichkeit. Als die Vorstellung einer maschinellen Unsterblichkeit habe ich die Vorstellung bezeichnet, dass zwar der Körper eines Menschen stirbt, aber seine Seele, sein Geist, sein Bewusstsein oder sein Ich auf einem nicht-menschlichen materiellen Substrat auf irgendeine Art und

Weise gespeichert oder auf dieses nichtmenschliche materielle Substrat übertragen werden könnte und Menschen auf diese Weise Unsterblichkeit erlangen könnten. Es lässt sich natürlich darüber streiten, ob diese maschinell Unsterblichen dann immer noch zur Menschheit gehören würden, da sie wie die Exemplare der Tierart *Homo sapiens* nun nicht mehr über einen menschlichen Körper verfügen würden. Ich will hier aber nicht kleinlich sein und diese maschinell Unsterblichen immer noch zur Menschheit zählen, da sie ja einmal „leibhaftige" Menschen waren.

In allen diesen Überlegungen zur maschinellen Unsterblichkeit von Menschen setze ich nun voraus, dass man tatsächlich weiß bzw. zumindest wissen könnte, was unter der Seele, dem Geist, dem Bewusstsein oder dem Ich eines Menschen zu verstehen ist und wie man dann wenigstens eine dieser immateriellen Entitäten für die Realisierung der innerweltlichen maschinellen Unsterblichkeit sozusagen „dingfest" machen und auf einem nichtmenschlichen materiellen Substrat speichern könnte.

Könnten Menschen also eine innerweltliche Unsterblichkeit erlangen?

Ich beginne mit der biologischen Unsterblichkeit. Was müsste der Fall sein, damit ein Mensch die innerweltliche biologische Unsterblichkeit erreichen könnte? Nun, es müssten meiner Ansicht nach zwei Bedingungen erfüllt sein:

a) Es müsste möglich sein, den Alterungsprozess des menschlichen Körpers aufzuhalten. Der menschliche Körper müsste in der Lage sein, sich fortwährend vollständig zu regenerieren. Und nicht nur das. Darüber hinaus könnte man auch noch fordern, dass es zusätzlich möglich sein müsste, den menschlichen

Körper wieder zu verjüngen und den Zustand seiner optimalen Leistungsfähigkeit wiederherzustellen. Denn wer möchte schon als alter Mensch mit zahlreichen Gebrechen Unsterblichkeit erlangen?

b) Es müsste mit absoluter Sicherheit gewährleistet sein, dass kein externes Ereignis das Leben eines Menschen mehr bedroht. Kein Mensch dürfte also mehr das Opfer von Krankheiten, Unfällen, Naturkatastrophen, Kriegen, vorsätzlichem oder fahrlässigem Fehlverhalten anderer Menschen, von Verbrechen oder sonstigen Unglücken werden.

Es genügt also für die biologische Unsterblichkeit keineswegs, nur den Alterungsprozess aufzuhalten und die unbegrenzte Regenerationsfähigkeit des menschlichen Körpers sicherzustellen. Es müssten auch alle anderen Möglichkeiten ausgeschlossen werden, durch die ein Mensch neben dem Alterungsprozess zu Tode kommen kann. Die innerweltliche biologische Unsterblichkeit ist also immer nur eine relative. Auch die Hydra, also die Gattung der Süßwasserpolypen (nicht das Ungeheuer aus der griechischen Mythologie), die gerne als das Paradebeispiel eines unsterblichen Organismus angeführt werden, haben „nur" eine durchschnittliche Lebenserwartung von mehreren hundert Jahren. Dann hat in der Regel irgendein tödliches externes Ereignis das Leben einer Hydra beendet. Biologische Unsterblichkeit heißt ja nicht, dass ein solcher unsterblicher Organismus nicht durch ein tödliches externes Ereignis sterben kann. Ein Organismus wäre dann zwar im Sinne einer endlosen Regenerationsfähigkeit unsterblich (was ja nicht unmöglich ist), könnte aber trotzdem jederzeit durch innere wie auch äußere Einflüsse zerstört und damit getötet werden.

„Die statistischen Todesursachen (unter heutigen Bedingungen) kennt man sehr genau. Daraus kann man – zumindest unter der hinterfragbaren Annahme gleichbleibender sonstiger Rahmenbedingungen – ungefähr abschätzen, wie die durchschnittliche Lebenserwartung wäre, wenn wir nicht mehr älter würden und sämtliche damit zusammenhängenden Krankheiten verhindern könnten. Das Ergebnis fällt erstaunlich mager aus. Eine erste Überschlagsrechnung ergibt etwa 500 bis 2000 Jahre - je nach den zugrunde gelegten Annahmen zur Bekämpfung auch aller anderen Krankheiten. Nach dieser Zeit wären wir also in der Badewanne ertrunken, von der Leiter gefallen, von der Freundin erschossen oder hätten uns einfach freiwillig verabschiedet." (Welsch 2015; S. 157)

Will man Menschen innerweltlich biologisch unsterblich machen, dann muss man nicht nur einen, sondern zwei Tode besiegen. Zum einen muss man den Tod besiegen, den ich den **intrinsischen Tod** eines Menschen nennen will und der allein dadurch eintritt, dass Menschen altern. Zum anderen muss man aber auch den Tod besiegen, den ich den **extrinsischen Tod** nennen will und der durch tödliche externe Ereignisse eintritt.

Vielleicht ist in diesem Zusammenhang dem einen oder der anderen schon aufgefallen, dass ich bisher gelegentlich einen Unterschied gemacht habe zwischen „sterben" und „getötet werden", obwohl ein Mensch ganz am Ende **biologisch tot** ist unabhängig davon, ob dieser Mensch nun gestorben ist oder getötet wurde.

Trotzdem will ich aus guten Gründen, die ich gleich noch erläutern werde, im Hinblick auf den biologischen Tod von Menschen folgende Unterscheidung zwischen „sterben" und „getötet werden" treffen:

a) Stirbt ein Mensch, dann will ich damit den **intrinsischen** (biologischen) Tod eines Menschen bezeichnen.

Der Begriff "intrinsisch" bezeichnet dabei Eigenschaften oder Merkmale, die von innen oder aus sich selbst heraus entstehen oder vorhanden sind. Er beschreibt Eigenschaften und Merkmale, die einer Sache oder einer Person als Sache oder Person eigen sind und nicht von äußeren Einflüssen abhängen. Intrinsische Eigenschaften oder Merkmale sind also inhärent und essenziell für das betreffende Objekt oder die betreffende Person.

b) Wird ein Mensch getötet, dann will ich damit den **extrinsischen** (biologischen) Tod eines Menschen bezeichnen.

Der Begriff "extrinsisch" bezeichnet dabei Eigenschaften oder Merkmale, die von außen oder durch äußere Einflüsse verursacht oder bestimmt werden. Extrinsische Eigenschaften und Merkmale hängen von äußeren Faktoren ab und stehen nicht im direkten Zusammenhang mit dem Wesen oder der Natur einer Sache oder Person.

Welche Bedeutung und welche Konsequenzen hat aber nun diese Unterscheidung zwischen dem intrinsischen und dem extrinsischen Tod von Menschen für die Beurteilung einer möglichen Unsterblichkeit von Menschen und damit auch für das Überleben der Menschheit?

Das Leben eines Menschen ist vom Moment seiner Zeugung an höchst bedroht und gefährdet. Bis zur Geburt ist die Bedrohung sogar eine doppelte, da das Leben eines ungeborenen Menschen unweigerlich mit dem Leben der Mutter verknüpft ist. Auch nach der Geburt kann sein Leben durch ein ganzes Arsenal von mehr oder weniger tödlichen Krankheiten oder gravierenden Funktionsstörungen seines Körpers vernichtet werden. Aber das Leben des einmal gezeugten Menschen ist nicht nur durch Krankheiten und mögliche Funktionsstörungen des Körpers bedroht. Auch externe, also nicht durch die Leiblichkeit des Menschen bedingte Ereignisse wie Unfälle, Naturkatastrophen, Verbrechen, Kriege oder schlicht gesundheitsschädigendes Verhalten (ob nun beabsichtigt oder nicht) können zum (vorzeitigen) Tod eines Menschen führen. Das Leben eines Menschen kann somit unter (widrigen) Umständen recht kurz sein. Aber was wären die Konsequenzen, wenn einem Menschen das alles nicht zustoßen würde? Was würde passieren, wenn ein Mensch während seines gesamten Lebens tatsächlich von allen Krankheiten verschont bliebe, wenn er von keinen Ereignissen betroffen wäre, die sein Leben bedrohen könnten, wenn er kein gesundheitsschädigendes Verhalten an den Tag legen würde und darüber hinaus stets ausreichend gutes Essen und sauberes Trinkwasser zur Verfügung hätte? Es würden sich trotzdem mit fortschreitendem Alter unter anderen folgende Veränderungen an diesem Menschen zeigen (vergl. Welsch 2015; S. 47ff):

a) Die Leistungsfähigkeit des Herzens nimmt ab. Es wird insgesamt weniger Blut durch die Adern gepumpt.

b) Die Wände großer Arterien verdicken und versteifen sich. Das kann zu Gefäßverschluss führen.

c) Das Immunsystem wird schwächer und Autoimmunkrankheiten nehmen zu.

d) Die Lungenbläschen verlieren an Elastizität und Funktionsfähigkeit. Gleichzeitig wird die Atemmuskulatur schwächer. Das gesamte Atmungssystem ist stark von der Alterung betroffen.

e) Die Nieren schrumpfen und verlieren an Leistungsfähigkeit. Dies führt zu einer langsamen Verminde-
   rung der Fähigkeit, Urin auszuscheiden und den Körper zu entgiften.

f) Die Muskelmasse wird abgebaut und die Muskel-
   kraft verringert sich.

g) Die Knochen bauen sich ab und die Knochendichte
   wird geringer. Das Knorpelgewebe verliert an Elastizität.

h) Die Aufnahmefähigkeit von Vitaminen, Mineralstof-
   fen und Spurenelementen durch das Verdauungssys-
   tem verschlechtert sich.

i) Die Leistung des Arbeitsgedächtnisses nimmt ab. Dadurch kommt es zu einer verminderten Konzentrati-
   onsfähigkeit und zu einer leichteren Ablenkbarkeit.

j) Alle Sinnesorgane büßen an Funktionsfähigkeit und
   Sensitivität ein.

Im Organismus dieses Menschen tickt somit unaufhaltsam
eine Todesuhr, die irgendwann zu einem Ausfall eines le-
benswichtigen Organs oder Organsystems führt und dadurch seinen Stoffwechsel zum Stillstand bringt. Dieser
Mensch würde also unweigerlich sterben. Das würde sich
aber auch dann ereignen, wenn man sich zu dem ganzen
Geschehen eine hervorragende, auf dem neuesten Stand
der wissenschaftlichen Erkenntnisse basierende medizini-
sche Versorgung hinzudenkt. Irgendwann würde eine le-
benswichtige Funktion seines Körpers ausfallen, die irre-
parabel ist und nicht wiederhergestellt werden kann.

„Organismen altern, wenn ihre Organsysteme und Gewebe sich nicht vollständig regenerieren. Dies wiederum ist die Folge von Veränderungen auf zellulärer

Ebene. (...) Der Zellstoffwechsel verändert sich, wenn die Todesuhr tickt. Er beeinflusst und beschränkt die Teilungsfähigkeit normaler Körperzellen und zum Teil sogar die von Stammzellen. Werden Gewebe nicht mehr ausreichend regeneriert, sammeln sich nicht mehr abbaubare Substanzen an, der Stoffwechsel entgleist immer mehr und ganze Zelllinien gehen zugrunde." (Welsch 2015; S. 46)

Das will ich als den intrinsischen Tod eines Menschen bezeichnen. Der intrinsische Tod ist derjenige Tod eines Menschen, der allein deshalb eintritt, weil dieser Mensch ein bestimmtes Alter erreicht (hat). Der intrinsische Tod entspricht dem, was auch gerne als der „natürliche Tod" eines Menschen bezeichnet wird.

„Die Rede vom >natürlichen Tod< verweist auf Sterben und Tod als der menschlichen Natur innewohnende Vorgänge" (Wittwer/Schäfer/Frewer 2010; S. 41).

Auch wenn man annimmt, dass ein Mensch während seines Lebens von keinerlei Krankheiten befallen wird, dass er stets ausreichend Nahrungsmittel (natürlich von hervorragender Qualität) erhält und keine externen Ereignisse sein Leben bedrohen und beenden könnten, so wird er doch eines Tages sterben.

Der intrinsische Tod eines Lebewesens und Tieres ist der biologische Tod, der dadurch eintritt, weil ein Lebewesen und Tier seine Fähigkeit, sich durch seinen Stoffwechsel am Leben zu erhalten, im Laufe der Zeit durch sich selbst beseitigt.

Natürlich wird intensiv darüber geforscht, welche Ursachen dieser Alterungsprozesses hat und wie er sich aufhalten lassen könnte. Altern ist in der Forschung damit schon längst zu einer Krankheit geworden, die man möglicher-

weise doch heilen kann. Leider muss man aber Folgendes
feststellen:

> „Bis dato existiert keine breit anerkannte Theorie, wel-
> che die Ursachen und Mechanismen von Alterungs-
> prozessen einheitlich erklären könnte." (Welsch 2015;
> S. 39)

Insofern gibt es auch noch keine „Therapie", mit der man
den intrinsischen Tod eines Menschen überwinden könnte.

Nun ist nur noch die Frage offen, warum Menschen den
intrinsischen Tod erleiden müssen. Hier ist die Antwort:

> „Die biologische Begründung für den Prozess der Al-
> terung mit dem >natürlichen Tod< als Abschluss wird
> im Mechanismus der Evolution vermutet, da ein langes
> Weiterleben nach der Fortpflanzung zu einer Verschär-
> fung eines Platz- und Ressourcenmangels führen wür-
> de und langsame Generationswechsel eine zu langsa-
> me Anpassung an veränderte Umweltbedingungen be-
> deuten würde, was beides der Arterhaltung zuwider-
> liefe" (Wittwer/Schäfer/Frewer 2010; S. 42).

Lebewesen und Tiere sterben, weil das Sterben im Hinblick auf die biologische Evolution von Lebewesen einen
Selektionsvorteil bietet. Durch das Sterben ihrer Exemplare können sich Tierarten schneller an sich verändernde
Umweltbedingungen anpassen, da die Exemplare einer
Tierart nicht erst dann anderen Exemplaren der gleichen
Tierart Platz machen, wenn sie getötet werden, also den
extrinsischen Tod erleiden, sondern sozusagen nach einer
gewissen Zeit „automatisch" absterben und unter der
Randbedingung beschränkter Ressourcen, die einer Tierart zur Verfügung stehen, mehr Exemplare einer Tierart in
der gleichen Zeit gezeugt und geboren werden können

und sich damit die Variabilität und die Anpassungsfähigkeit einer Tierart an eine sich verändernde Umwelt erhöht.

Das Sterben von Lebewesen ist damit zum einen das Resultat wie auch zum anderen gleichzeitig der Motor der biologischen Evolution. Die biologische Evolution funktioniert nur dann richtig, wenn Lebewesen sterben.

„Zur Evolution kann es nur kommen, wenn lebende Organismen drei entscheidende Merkmale aufweisen. Erstens müssen sie sich fortpflanzen können. Zweitens brauchen sie ein Vererbungssystem, durch das Informationen, die die Merkmale des Organismus definieren, während des Reproduktionsprozesses kopiert und vererbt werden. Drittens muss das Vererbungssystem Variabilität besitzen, und auch diese Variabilität muss während der Reproduktion vererbt werden. Diese Veränderlichkeit ist die Basis, auf der die natürliche Selektion arbeitet. Letztere erzeugt aus langsam und zufällig entstandenen Varianten im Laufe der Zeit die scheinbar grenzenlose und ständig sich wandelnde Vielfalt der uns umgebenden Lebensformen. Außerdem müssen die lebenden Organsimen sterben, damit dieser Prozess richtig funktionieren kann. Nur so ist die nächste Generation, die möglicherweise konkurrenzfähigere genetische Varianten enthält, in der Lage, deren Vorgänger zu ersetzen" (Nurse 2021; S. 65f).

**Extrinsisch** hingegen will ich den Tod bezeichnen, wenn er prinzipiell durch lebensrettende Maßnahmen (von wem auch immer durch was auch immer) verhindert werden kann. Gerne wird Klage darüber geführt, dass in der modernen, industrialisierten Wohlstandsgesellschaft westlichen Zuschnitts der Tod verdrängt und der Tod aus dem öffentlichen Raum und dem individuellen Bewusstsein mehr und mehr verschwinden würde. Das kann man auch anders sehen. Man kann den Prozess der Entwicklung der menschlichen Zivilisation auch und gerade als den Versuch verstehen, es immer mehr Menschen zu ermöglichen, ihren intrinsischen Tod zu sterben. Dazu gehört nicht nur eine stetige Zunahme an medizinischem und naturwissenschaftlichem Wissen, wodurch Krankheiten, die als unheilbar galten, nun geheilt werden können. Dazu gehören auch alle Maßnahmen des Zivil- und Katastrophenschutzes sowie alle Mittel und Erkenntnisse, um etwa Naturkatastrophen vorherzusagen, abzuwehren und deren Folgen zu vermindern. Man könnte vielleicht sogar sagen, dass der Grad der Zivilisiertheit einer Gesellschaft sich nach den Fähigkeiten dieser Gesellschaft bemisst, die extrinsischen Tode von Menschen immer häufiger verhindern und vermeiden zu können und es diese Gesellschaft ihren Mitgliedern dadurch ermöglicht, ihren intrinsischen Tod sterben zu können.

Menschen, die biologisch unsterblich wären, weil sie nicht mehr altern würden und sich ihr Körper ständig regenerieren könnte, könnten also trotzdem immer noch den extrinsischen Tod erleiden, wenn es diesen biologisch Unsterblichen nicht in jedem Fall und unter allen Umständen möglich wäre, alle Ereignisse zu verhindern oder sich allen Ereignissen zu entziehen, durch die sie getötet werden könnten. Sie könnten eben deswegen immer noch einen extrinsischen Tod erleiden, weil auch die biologisch Unsterblichen einen Körper hätten, der zerstört werden könnte. Menschen, die wirklich biologisch unsterblich wären, müssten damit sowohl intrinsisch wie auch extrinsisch unsterblich sein.

Würde also die Menschheit nur noch aus biologisch unsterblichen Menschen bestehen, so könnte auch für diese biologisch unsterblichen Menschen das Worst-Case-Szenario der vollständigen Auslöschung eintreten, wenn es ihnen nicht gelingen würde, Ereignisse zu verhindern oder sich Ereignissen zu entziehen, durch die sie alle den extrinsischen Tod erleiden könnten. Diejenige Menschheit, die nur noch aus biologisch Unsterblichen bestehen würde, müsste genauso wie diejenige Menschheit, die nur aus biologisch Sterblichen besteht, die ultimativen Bedingungen für das Überleben der Menschheit erfüllen, um damit ihr Überleben sichern zu können. Für das Überleben der Menschheit wäre also gegenüber den sterblichen Menschen nichts gewonnen, wenn die Menschheit nur noch aus biologisch Unsterblichen bestehen würde.

Nun gibt es aber, wie schon dargestellt, neben der biologischen Unsterblichkeit auch noch Vorstellungen, man könnte das, was man die Seele, das Bewusstsein, den Geist oder das Ich eines Menschen nennt (und was immer das im Einzelnen auch sein mag), auf welche Art und Weise auch immer auf ein anderes nichtmenschliches materielles Substrat als den menschlichen Körper übertragen, also auf irgendeine Art und Weise auf einer Maschine oder einer maschinellen Einrichtung speichern oder zwischenspeichern, damit es den biologischen Tod von Menschen überdauern könnte und damit wenigstens dieser Teil eines Menschen auch Unsterblichkeit erlangen könnte.

Angenommen nun, es würde tatsächlich gelingen, den Geist, die Seele, das Bewusstsein oder das Ich eines Menschen auf (oder in) einem solchen nichtmenschlichen materiellen Substrat zu speichern, so hätte man es in diesem Fall aber nur mit einer Problemverschiebung zu tun. Denn nun müsste sichergestellt werden, dass anstelle des biologischen Organismus dieses nichtmenschliche materielle Substrat, auf dem sich dieser Mensch sozusagen als eine immaterielle Existenz befinden würde, nicht zerstört wird.

Aber damit befindet man sich wieder in den gleichen Szenarien, die ich schon im Zusammenhang mit der biologischen Unsterblichkeit diskutiert habe. Auch in diesem Fall müsste es letztendlich den maschinell Unsterblichen gelingen, die ultimativen Bedingungen für das Überleben der Menschheit zu erfüllen, da nicht ausgeschlossen werden kann, dass sich jedes beliebige Universum zu einem Zustand hin entwickeln könnte, durch den alle materiellen Substrate in diesem Universum zerstört werden würden. Und das würde dann auch den extrinsischen Tod aller maschinell Unsterblichen bedeuten. Die maschinell Unsterblichen hätten dann zwar den intrinsischen Tod überwunden, weil sie keine Lebewesen und keine Tiere mehr wären, aber auch das nichtmenschliche materielle Substrat, auf dem sie sich befinden würden, könnte durch externe Ereignisse zerstört und vernichtet werden und damit auch die maschinell Unsterblichen mit diesem Substrat. Auch hier zeigt sich: Menschen wären erst dann wirklich (innerweltlich) unsterblich, wenn sie nicht nur den intrinsischen Tod, sondern auch den extrinsischen Tod besiegt hätten unabhängig davon, ob sie nun biologisch oder maschinell unsterblich wären.

Würde also die Menschheit nur noch aus maschinell unsterblichen Menschen bestehen, so könnte auch für diese maschinell Unsterblichen das Worst-Case-Szenario der vollständigen Auslöschung eintreten, wenn es diesen maschinell Unsterblichen nicht gelingen würde, Ereignisse zu verhindern oder sich Ereignissen zu entziehen, durch die sie alle den extrinsischen Tod erleiden könnten. Diejenige Menschheit, die nur noch aus maschinell Unsterblichen bestehen würde, müsste genauso wie diejenige Menschheit, die nur aus biologisch Sterblichen besteht, die ultimativen Bedingungen für das Überleben der Menschheit erfüllen, um damit ihr Überleben sichern zu können. Für das Überleben der Menschheit wäre also wie im Fall der biologisch Unsterblichen gegenüber den biologisch sterblichen Menschen nichts gewonnen, wenn die Menschheit nur noch aus maschinell Unsterblichen bestehen würde.

Damit bin ich aber nun am Ende meiner Mutmaßungen über die Voraussetzungen für den Fortbestand der Tierart *Homo sapiens* und damit auch für das Überleben der Menschheit angekommen und werde im nächsten Kapitel die Ergebnisse meiner Mutmaßungen und Überlegungen noch einmal zusammenfassen.

# 6  Zusammenfassung und Schlussbetrachtung

Ausgangspunkt meiner Überlegungen über die Voraussetzungen für das Überleben der Menschheit war das Worst-Case-Szenario der vollständigen Auslöschung, das (um es noch einmal zu wiederholen) Folgendes besagt:

Wenn die **Möglichkeit** besteht, dass alle Menschen, die am Leben sind und die noch geboren werden, ohne Ausnahme auf welche Art und Weise auch immer sterben müssen und getötet werden können, dann könnten katastrophale Ereignisse, die sich auf die gesamte Erde und auf alle Menschen auswirken, möglicherweise dazu führen, dass alle Menschen ohne Ausnahme durch die Auswirkungen solcher Ereignisse getötet werden oder dass durch die Auswirkungen solcher Ereignisse zumindest so viele Menschen getötet werden, dass die überlebenden Menschen nicht mehr die Möglichkeit hätten, sich auf welche Art und Weise auch immer fortzupflanzen und damit auf diese Weise die Geschichte der Menschheit zu Ende gehen würde und die Menschheit damit auch nicht überlebt hätte.

Die Voraussetzungen, die das Überleben der Menschheit unter allen Umständen und für jeden erdenklichen Fall garantieren und die damit den Eintritt dieses Worst-Case-Szenarios der vollständigen Auslöschung unter allen Umständen und für jeden erdenklichen Fall verhindern könnten, habe ich unter den gegebenen wissenschaftlichen Erkenntnissen über die Erde, den Kosmos und das Universum folgendermaßen bestimmt:

1. Menschen müssten ihre technischen Fähigkeiten und ihre wissenschaftlichen Kenntnisse so weit entwickelt haben, dass sie dazu in der Lage wären, ein Universum so zu kontrollieren, dass es keinen Zustand

einnehmen könnte, der menschliches Leben bzw. Leben in ihm unmöglich machen würde. Das Universum müsste also stets in einem Zustand sein bzw. durch Menschen als Repräsentantinnen und Repräsentanten der einen gesamten Menschheit in einem Zustand gehalten werden, der es zumindest so vielen Menschen ermöglicht, zumindest so lange am Leben zu bleiben, bis sie sich fortgepflanzt und dadurch den Fortbestand und damit das Überleben der Menschheit gesichert hätten.

Dies gilt auch für Menschen, die auf welche Art und Weise auch immer intrinsisch biologisch unsterblich geworden wären. Die biologisch Unsterblichen müssten das Universum, in dem sie sich befinden, so kontrollieren können, dass sich dieses Universum stets in einem Zustand befinden würde, durch den ihr Körper durch externe Ereignisse nicht zerstört und vernichtet werden könnte, da sie nur so wirklich unsterblich wären.

Auch für die maschinell Unsterblichen gilt das Gleiche. Auch sie müssten das Universum, in dem sie sich befinden, so kontrollieren können, dass sich dieses Universum stets in einem Zustand befinden würde, durch den das nichtmenschliche materielle Substrat, auf dem sie sich befinden würden, durch externe Ereignisse nicht zerstört und vernichtet werden könnte, da sie nur so wirklich unsterblich wären.

2. Sollten Menschen niemals dazu in der Lage sein, ein Universum zu kontrollieren, dann müssten Menschen dazu in der Lage sein, auf welche Art und Weise auch immer zumindest so viele Menschen in ein anderes Universum als das Universum, in dem sich diese Menschen gerade befinden, evakuieren zu kön-

nen, da das Universum, in dem diese Menschen gerade leben, stets ein dynamisches Universum sein könnte und damit stets auch einen Zustand einnehmen könnte, durch den menschliches Leben in diesem Universum nicht mehr möglich wäre. Dieses andere Universum müsste dann aber so beschaffen sein, dass Menschen darin zumindest für eine gewisse Zeit leben könnten und nicht getötet werden würden, damit das Überleben dieser evakuierten Menschen und damit auch das Überleben der Menschheit gewährleistet wäre. Da im Worst Case jedes Universum, in dem Menschen gerade existieren und in das sie geflüchtet sind, ein dynamisches Universum sein könnte und damit jedes Universum früher oder später einen Zustand einnehmen könnte, durch den menschliches Leben in ihm unmöglich wäre, müsste es unendlich viele Universen geben, in die Menschen flüchten könnten, da das Überleben der Menschheit eine unendliche und nicht endende Zukunft voraussetzt und es damit in dieser unendlichen Zukunft im Worst Case auch unendlich viele Universen geben müsste, die zumindest in dem Moment, in dem sich Menschen in sie flüchten, so beschaffen sein müssten, dass menschliches Leben in ihnen möglich wäre, auch wenn sie sich später möglicherweise zu einem Zustand hin entwickeln würden, der menschliches Leben in ihnen unmöglich machen würde. Wenn die Zukunft der Menschheit, soll sie überleben, unendlich sein muss, aber jedes Universum, das es gibt, für Menschen nur eine endliche Zeit bewohnbar wäre, dann muss es unendlich viele Universen geben, die für Menschen bewohnbar wären, da sich Menschen dann unendlich oft aus einem Universum, das für sie nicht mehr bewohnbar wäre, in ein Universum flüchten müssten, das für sie noch bewohnbar ist.

Dies würde wiederum auch für die innerweltlich unsterblichen Menschen gelten, da gerade die biologische und auch die maschinelle Unsterblichkeit von Menschen eine unendliche Zukunft erfordern würde, durch die diese Unsterblichen unendlich lange existieren könnten. Denn dies meint ja gerade, wie schon erwähnt, das Konzept der Unsterblichkeit: Menschen leben bis in alle Ewigkeit, also in einer sich ins Unendliche erstreckenden Zukunft.

Da die biologisch Unsterblichen auch einen Körper hätten, der zerstört werden könnte, müssten auch sie sich, wenn das Universum, in dem sie sich befinden, sich absehbar zu einem Zustand hin entwickeln würde, der Leben und damit auch menschliches Leben in ihm unmöglich machen würde und sie dies nicht verhindern könnten, ebenfalls und im Worst Case unendlich oft in ein anderes Universum flüchten können, in dem Leben und damit menschliches Leben noch möglich wäre, da jedes Universum, in dem sie sich befinden und in das sie geflüchtet sind, ein dynamisches Universum sein könnte und damit einen Zustand einnehmen könnte, der menschliches Leben in ihm unmöglich machen würde.

Auch die maschinell Unsterblichen würden sich auf einem nichtmenschlichen materiellen Substrat befinden, das zerstört werden könnte. Deshalb müssten auch sie sich, wenn das Universum, in dem sie sich gerade befinden, sich absehbar zu einem Zustand hin entwickeln würde, der dieses nichtmenschliche materielle Substrat zerstören könnte und sie dies nicht verhindern könnten, ebenfalls und im Worst Case

unendlich oft in ein anderes Universen flüchten können, in dem dieses nichtmenschliche materielle Substrat (zumindest vorübergehend) nicht zerstört werden würde, da auch alle diese Universen, in die sich
die maschinell Unsterblichen flüchten würden, wiederum einen Zustand einnehmen könnten, durch den
ihr nichtmenschliches materielles Substrat, auf dem
sie sich befinden, zerstört werden könnte.

Nun überlasse ich es aber Ihnen, also Ihnen als dem Menschen, der gerade dieses Buch gelesen hat und der gerade
diese Zeilen liest, zu beurteilen, ob aufgrund dieser Voraussetzungen für das Überleben der Menschheit tatsächlich (wenn auch vielleicht erst in einer fernen Zukunft) ein
Überleben der Menschheit möglich sein könnte.

# Literaturhinweise

Bostrom, Nick: Die Zukunft der Menschheit. Berlin: Suhrkamp, 2018.

Campbell, Neil A.: Biologie. München: Pearson, 2021.

Greene, Brian: Bis zum Ende der Zeit. München: Pantheon, 2020.

Henning, Tim: Die Zukunft der Menschheit – soll es uns weiter geben? Berlin: J.B. Metzler, 2022.

Hume, David: An Enquiry Concerning Human Understanding / Eine Untersuchung über den menschlichen Verstand; Englisch/Deutsch. Ditzingen: Reclam, 2016.

Junker, Thomas: Die Evolution des Menschen. München: C.H. Beck, 4. Auflage 2021.

Knoll, Andrew H.: Die kürzeste Geschichte der Erde. München: riva, 2023.

Lesch, Harald/Müller, Jörn: Sterne. München: Bassermann, 2023.

Mack, Katie: Das Ende von allem. München: Piper, 2021.

MacLeod, Norman: Arten sterben. Darmstadt: Theiss, 2016.

Naumann, Thomas/Ilja Bohnet: Das rätselhafte Universum. Stuttgart: Franckh-Kosmos, 2022.

Nurse, Paul: Was ist Leben? Berlin: Aufbau, 2. Auflage 2021.

Plessner, Helmuth: Philosophische Anthropologie. Berlin: Suhrkamp, 2019.

Rahmstorf, Stefan: Klima und Wetter bei 3 Grad mehr. In: Wiegandt, Klaus (Hrsg.): 3 Grad mehr. München: oekom, 2022.

Schäfer, Daniel: Der Tod und die Medizin. Berlin Heidelberg: Springer, 2015.

Schrenk, Friedemann: Die Frühzeit des Menschen. München: C.H. Beck, 6. Auflage 2019.

Smil, Vaclav: Wie die Welt wirklich funktioniert. München: C.H. Beck, 2023.

Ward, Peter/Kirschvink, Joe: Eine neue Geschichte des Lebens. München: Pantheon 2018.

Welsch, Norbert: Leben ohne Tod? Berlin Heidelberg: Springer, 2015.

Wiegandt, Klaus (Hrsg.): 3 Grad mehr. München: oekom, 2022.

Wittwer, Héctor / Schäfer, Daniel / Frewer, Andreas (Hrsg.): Sterben und Tod. Stuttgart: J.B. Metzlersche Verlagsbuchhandlung und Carl Ernst Poeschel, 2010.

Wittwer, Héctor: Philosophie des Todes. Ditzingen: Reclam, 2. Auflage 2020.